油浸式变压器内部故障检测机器人

冯迎宾　何　震　刘砚菊　宋建辉　著

科学出版社
北　京

内容简介

本书系统地介绍了作者及其所在研究团队关于油浸式变压器内部故障检测机器人的研究成果。针对变压器密闭、充油、内部结构紧凑、电磁环境复杂等问题，本书融合人机协同控制技术、密闭充油的无线传输技术、激光雷达定位技术、视觉检测技术等前沿科技，研发了一套可取代人工检测的机器人装置。本书详细阐述了机器人控制系统和紧凑型机械结构设计方法，构建了机器人动力学模型和运动学模型，提出了基于反演滑模控制的机器人悬停定点观测控制方法，通过仿真验证和示范应用证明了机器人在变压器内部开展故障检测任务的可行性。

本书可作为变压器故障检修人员，机器人工程、控制工程和水下工程领域的研究和开发人员、工程技术人员的参考书，也可供理工类大学相关专业教师和学生参考。

图书在版编目(CIP)数据

油浸式变压器内部故障检测机器人/冯迎宾等著. —北京：科学出版社，2022.3

ISBN 978-7-03-071814-3

Ⅰ. ①油… Ⅱ. ①冯… Ⅲ. ①油浸变压器—故障检测—工业机器人 Ⅳ. ①TM411.07②TP242.2

中国版本图书馆 CIP 数据核字（2022）第 040211 号

责任编辑：姜　红　张培静 / 责任校对：樊雅琼
责任印制：吴兆东 / 封面设计：无极书装

科学出版社 出版
北京东黄城根北街 16 号
邮政编码：100717
http://www.sciencep.com
北京中石油彩色印刷有限责任公司 印刷
科学出版社发行　各地新华书店经销
*
2022 年 3 月第　一　版　开本：720×1000　1/16
2022 年 3 月第一次印刷　印张：8 3/4
字数：176 000

定价：99.00 元

（如有印装质量问题，我社负责调换）

前　言

“全球能源互联网”概念的提出使全世界能源基地变成一个整体成为可能，亚洲至非洲、亚洲至北美洲、北美洲至南美洲、欧洲至非洲等不同输电电压等级的组网都要依靠油浸式变压器完成；同时随着“创新驱动与电网发展”理念的提出，电力系统的运维技术正在向智能化、自动化、无人化方向发展，而高风险、低效率的人工检测手段已不能满足智能化电网建设和运维的需求。

变压器按照冷却方式分为干式变压器和油浸式变压器。干式变压器依靠空气对流或风机进行冷却，多用于高层建筑、小型工厂等用电量较小的单位。油浸式变压器采用变压器油作为冷却介质，具有容量大、寿命长、运行成本低的特点，被广泛应用于输电网、配电网和大型用电单位。油浸式变压器故障检测方法一直是电力系统故障识别领域的研究热点。目前，基于温度分析、变压器油成分分析、色谱分析的变压器故障检测方法仅能初步判断变压器是否存在故障，不能给出精确的故障类型和故障点。随着自动化技术与机器人技术的发展，油浸式变压器内部故障检测手段正在向自动化、智能化方向发展。在中国南方电网有限责任公司科技项目“面向电网设备运维的机器人关键技术与系统研究”（项目编号：03JSHK1600239）支持下，本书作者及其所在研究团队研制了油浸式变压器内部故障检测机器人，为油浸式变压器内部故障检测提供了新的解决方案，提高了变压器故障检测效率，希望给该领域的研究工作者和电力系统运维人员提供一个新的参考方案。

本书是作者及其所在研究团队近年来在这一领域最新研究成果的总结。本书共10章，详细阐述了油浸式变压器内部故障检测机器人机械结构、控制系统、模型构建、控制方法、实验测试等内容，其中包含机器人研发过程中的研究成果和工程实践经验，希望对变压器故障检测的研究者、关注者有所帮助。

特别感谢参与本书相关研究工作的所有团队成员，包括何震副研究员、王亚彪工程师、赵宇明工程师、李勋工程师等，以及研究生赵小虎、杨昆等，他们对本书的相关研究工作和撰写做出了很有意义的工作。感谢李智刚研究员、孙斌研究员等在项目实施过程中提出的大量建设性建议。还要感谢中国博士后科学基金面上项目、辽宁省自然科学基金指导项目的经费支持。

由于作者水平有限，书中不足之处在所难免，希望读者批评指正。作者谨希望能够借此书抛砖引玉，为致力于进行油浸式变压器内部故障检测研究的学者、技术开发人员和工作人员开展更加深入的研究和探索提供参考。

冯迎宾

2021 年 4 月

目　录

1 绪 论

随着全球经济的快速发展和人口规模的持续扩大，全球能源消耗迅猛增加，产生了一系列的能源环境、能源配置、能源效率、能源供应等方面的问题。针对全球能源问题，我国在 2015 年联合国发展峰会上提出了全球能源互联网的概念，得到了联合国和国际社会广泛支持。全球能源互联网可促进可再生能源和清洁能源的快速发展，保障全球能源的稳定供应，优化能源配置，是全球经济持续发展的必由之路。

全球能源互联网由跨洲骨干网架和涵盖各电压等级的智能电网构成，连接各洲大型能源基地，并且能够适应各种分布式电源接入需要，能够将海洋能、太阳能、风能等可再生能源输送到各类客户，是配置能力强、服务范围广、安全可靠性高的全球能源配置平台[1]，如图 1.1 所示。油浸式变压器是实现全球能源组网的关键设备，不同输电电压等级的跨国、跨洲的电力系统组网都要依靠油浸式变压器完成。

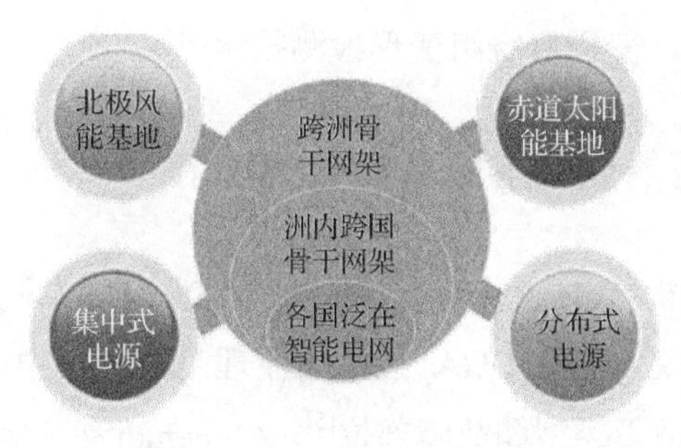

图 1.1　全球能源互联网

1.1　油浸式变压器故障检测技术概述

在电力系统运行过程中，变压器承担电能分配、电压变换和传输的功能，在维护电力系统可靠性与稳定性上发挥着重要作用。同时，变压器故障也是整个电力系统稳定性的隐患。油浸式变压器的故障诊断一直是电网设备中较复杂的工作之一。油浸式变压器内部结构复杂，高压、高温环境容易导致油浸式变压器发生多个故障，故障机理不易探明，增加了故障分类处理难度，同时提高了故障点位置确定难度。油浸式变压器故障按照故障位置分为外部故障和内部故障两种[2]。外部故障为变压器油箱外部绝缘套管及其引线上发生的各种故障。由于外部故障发生在变压器油箱外部，容易观测识别，因此较容易确定故障点位置。内部故障指变压器油箱内发生的各种故障，故障类型主要包括：绕组间发生的相间短路、线匝间发生的匝间短路、绕组或引线通过外壳发生的接地故障等。油浸式变压器故障按照故障原因可分为四类：热故障、电故障、受潮或污染、变形[3]。

早在 20 世纪 60 年代，西方发达国家就已经开始研究油浸式变压器故障检测技术。我国油浸式变压器故障检测相关方面的研究起于 20 世纪 70 年代。历经几十年的发展，油浸式变压器故障检测技术得到了长足的进步，在实际应用中也解决了一系列问题。目前国际主流的油浸式变压器内部故障检测方法主要根据油浸式变压器内部温湿度、压强、溶解气体等数据判断故障类型。目前，变压器可检测的状态量包括油中溶解气体、含水量、油温、绕组通电特性等多个指标。因此，故障检测技术主要分为变压器油中溶解气体分析技术、变压器油微水检测技术、变压器油温检测技术、变压器绕组变形检测技术[4]。

1.1.1 油浸式变压器油中溶解气体分析技术

油中溶解气体分析（dissolved gas analysis，DGA）技术是分析电力变压器故障及潜伏性缺陷的有效手段。DGA 技术的原理是分析油中溶解气体的组分和含量，从而判断相应的故障类型和故障部位[5]。Alghamdi 等[6]提出了基于 DGA 技术的变压器故障在线实时检测系统。为了提高变压器故障诊断的准确性，Dai 等[7]根据历史气体浓度数据和环境数据，提出了一种基于深度信任网络的变压器故障诊断方法。随着智能预测方法的发展，油中溶解气体浓度预测方法成为电力变压器故障诊断领域的研究热点。刘云鹏等[8]提出了一种基于长短期记忆神经网络与经验模态分解的变压器油中溶解气体浓度预测方法。为了预测变压器油中溶解气体体积分数的发展趋势，周峰等[9]提出了一种基于集合经验模态分解和极限学习机的变压器油中气体体积分数预测模型。精确预测油中溶解气体浓度有利于及时发现变压器的潜伏性故障，提高电网运行的稳定性和可靠性，防患于未然。

1.1.2 油浸式变压器油微水检测技术

变压器在长期、高温运行过程中，变压器油中不可避免地会产生微量水分。微量水分的存在会降低变压器油的绝缘性能，增加介质损耗因素，降低击穿电压，极易造成放电击穿等严重事故[10]。近年来，国内外科研人员研究了多种变压器油中微量水分检测方法，检测方法逐渐从离线检测转移到在线检测。Zaengl[11]研究了介质损耗因数极值与绝缘纸板水分含量的关系，从时域和频域计算油中含水量。施广宇等[12]采用时域和频域结合的双通道测量技术分析了温度、频率、微水含量等因素对变压器介质响应特性的影响规律，并给出了油中微水含量的评估方法。张明泽等[13]理论推导了变压器绕组等效模型介质损耗因数与绝缘纸板中含水率的关系，并提出了含水率数值迭代计算方法。Andria 等[14]采用电磁传播介质的介电常数开发了一种实时检测燃油含水率的微波传感器。针对传统检测方法不能判定变压器油绝缘系统微量水分含量的问题，林智勇等[15]提出了基于极化等效电路时间常数的油纸绝缘变压器微水含量评估方法。变压器油中微水含量检测方法的研究，对于延长变压器使用寿命、保障供电安全等方面具有重要意义。随着人工智能方法的发展，神经网络、深度学习等智能化算法在微水含量判断中的应用引起了科研人员的重视。

1.1.3 油浸式变压器油温检测技术

变压器绝缘油的温度对变压器的使用寿命有较大的影响，如果油温过高，将导致变压器发生重大故障，严重缩短变压器的使用寿命。变压器的绝缘油温度包含了多种变压器故障信息，对变压器故障诊断具有重要意义。然而，早期由于变压器结构复杂、传感器技术落后，油温不能直接测量，而是利用间接模拟的方式预测油温。2002 年，Swift 等[16]首先提出通过热电类比法、传热理论建立变压器温度计算模型。2010 年，Picanco 等[17]利用热电类比法分析了温升与带负载工作时间之间的关系，建立了变压器热路模型。为了克服间接油温测量方法误差大的缺陷，随着传感器技术的发展，科研人员研究了多种变压器油温采集技术。2009年，巫付专等[18]利用热电阻实现了对变压器顶层油温的检测，检测信号可通过光纤实时传输到控制端。2012年，张又力等[19]利用ZigBee技术设计了10kV电压等级干式变压器的无线温度传感系统。2017年，王恩等[20]研制了光纤Bragg光栅温度传感器，并设计了多点温度检测系统，可同时对变压器油、绕组、铁芯等关键位置的温度进行检测。

1.1.4 油浸式变压器绕组变形检测技术

根据国家电网统计数据，约63%的变压器故障是绕组变形造成的。绕组的轻微变形虽然不会影响变压器的正常运行，但其逐渐积累会导致严重的变形，从而损毁变压器。针对变压器绕组变形的问题，Lech等[21]提出了低压脉冲法，其原理是在变压器原边施加脉冲信号，计算变压器绕组原边、副边的电压比值，根据比值判断变压器绕组的变形情况。Dick等[22]提出了频率响应法，通过比较故障前后的变压器频率响应变化判断绕组是否变形。针对短路阻抗法灵敏度低的问题，徐剑等[23]提出了通过频响函数检测变压器绕组状态的振动频响法，具有较高的电气抗干扰能力。针对变压器绕组微小变形问题，李振华等[24]提出了基于扫频阻抗法及支持向量机的分类方法，用于微小变形的识别。针对变压器绕组变形故障带电检测难度大、故障点定位困难等问题，Liu等 [25]提出了基于分布式光纤传感的变压器绕组变形检测方法。目前，针对变压器绕组变形状态的预测方法研究较少，曹辰[26]理论分析了变压器振动和电抗特性，搭建了变压器绕组的机械和电气特性多信息数据采集系统，提出了基于机械与电气参量的变压器绕组变形状态综合评估方法。

以上故障点识别方法利用故障引发的油温、油位、油压、溶解气体等状态量间接判断故障点的类型，属于间接判断方法，因此存在故障类型判断不准确、故障点定位困难等问题。目前为精确判断故障点，需用抽油泵将变压器油全部抽出，然后向变压器内部充入氧气以排出变压器内部的有毒气体，检测人员通过人孔进入变压器内部开展故障检测任务，如图1.2所示。

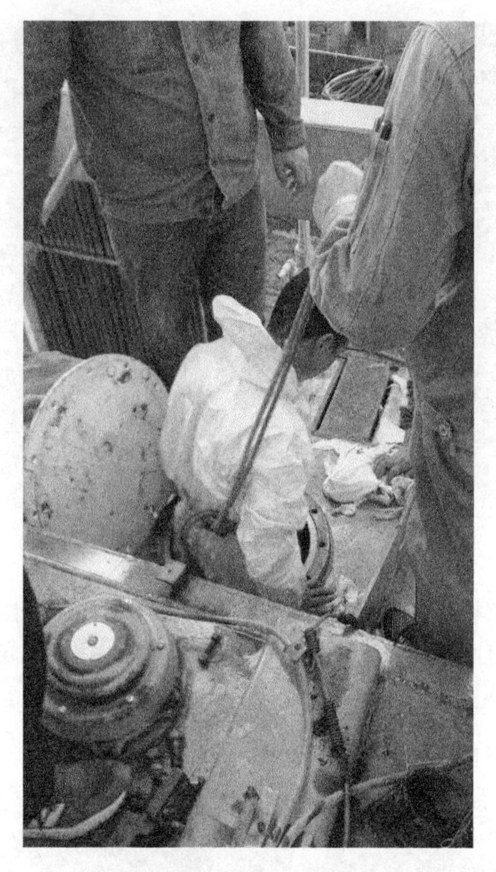

图 1.2 检测人员维修变压器

1.2 水下微型机器人研究现状

机器人工作于变压器油中，类似于水下机器人，并且变压器内部结构狭窄，空间紧凑。了解微型水下机器人的国内外研究现状对于变压器内部故障检测机器人的设计具有重要意义。水下球形机器人是一种特殊结构的水下机器人，具有体积小、能源消耗低、运动灵活的特点，适合在封闭狭窄的变压器内部工作。

2008 年，林西川研制了一款水下球形机器人，该机器人采用喷射泵驱动装置，如图 1.3 所示[27]。林西川在机器人研制的基础上，建立了机器人动力学模型，设计了基于模糊控制的机器人控制算法，对水下球形机器人的研究具有指导意义。

图 1.3　水下球形机器人

2016 年，钟振东设计了一款球形两栖机器人，既可以在水中通过喷射泵运动，也可以在陆地上通过喷射口进行爬行运动，如图 1.4 所示[28]。机器人直径 250mm，主要由密封球体、控制系统、机械臂以及直流喷射泵组成。机器人在水中具备侧移、旋转、升沉三自由度运动的能力。

图 1.4　球形两栖机器人

国外对水下球形机器人的结构设计及控制方法研究较早。1991 年，美国夏威夷大学的自动控制学院设计了一种水下球形机器人全向智能导航仪（omni-directional intelligent navigator，ODIN），如图 1.5 所示[29]。机器人外壳采用铝制材料，具有重量轻、耐腐蚀的特点。机器人直径为640mm，驱动装置采用技术成熟的螺旋桨推进器，推进器均匀分布在球体中环位置，最大下潜深度100m。

图1.5 ODIN机器人

2012年英国曼彻斯特大学研制了一款小型水下球形机器人MKVI，如图1.6所示[30]。该机器人球体直径为150mm，动力装置采用螺旋桨推进，具备四自由度运动能力。研发人员基于该机器人测试了一些动力模型，并计算了不同动力分配的运动控制效果，但未完成闭环自主控制，仍需进一步探索控制器的设计与应用。

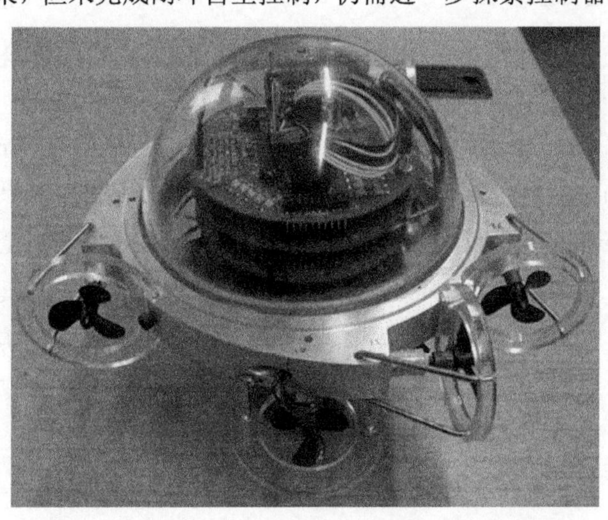

图1.6 MKVI机器人

1.3　油浸式变压器内部故障检测机器人研究现状

虽然水下机器人技术趋于成熟，但油浸式变压器内部故障检测机器人的研究起步较晚。2009 年，李为国等[31]设计了一种用于电力变压器内部故障检测的微型机器人，并申请了专利，该机器人主要包括控制系统、超声波避碰系统、电路检修部分、微型摄像头和无线数据传输模块，机器人采用螺旋桨推进。2012 年，张西子等[32]利用电感线圈的电磁效应设计了一种轮臂结合式越障机器人，不仅可应用于变压器故障检测，还可应用于油气管道等铁质表面的密闭空间内部。2015 年，王世有[33]设计了一种用于变压器局部放电诊断的智能机器人，该机器人依靠底部行走轮驱动，通过超声传感器检测放电故障。2017 年，张耘溢等[34]基于六足爬行动物的运动机理，设计了一种新型的六足仿生变压器故障检测机器人，可测量绝缘变黑或放电痕迹的面积。2017 年，潘云等[35]提出了一种变压器不放油器身成像系统，该系统包括潜油机器人、运动控制终端和视频图像显示记录仪，机器人采用履带与螺旋桨混合驱动，具有一定的越障能力。虽然以上论述的变压器故障检测相关的机器人都申请了专利或发表了论文，但未见设计的机器人实物在变压器内部应用的相关报道。

2017 年，瑞士 ABB 公司推出世界上第一款变压器内部故障检测机器人 TXplore Robot，如图 1.7 所示[36-37]。TXplore Robot 的特点如下：机器人采用无线远程控制，保证了在变压器内部运动的安全性；机器人采用密封设计技术，使机器人可以在充满变压器油的内部工作；机器人搭载了四个摄像头和发光二极管（light emitting diode，LED）灯，可实现对变压器内部的全方位观测；机器人尺寸仅有 18cm×20cm×24cm，可以通过狭窄的封闭空间；机器人的观测数据通过互联网上传到 ABB 公司数据服务平台，变压器专家可实现远程检查故障点。2018 年，TXplore Robot 已经在全球范围推广，为全球变压器客户提供维修服务。

图 1.7 TXplore Robot

1.4 小 结

油浸式变压器是实现全球能源组网的关键设备，不同输电电压等级的跨国、跨洲的电力系统组网都要依靠油浸式变压器完成。随着油浸式变压器生产制造工艺的不断提升和改进，变压器具有良好的机械性能和足够的电气强度。然而由于油浸式变压器长期、连续运行在高电压、高温、大电流的恶劣环境下，同时可能受外部破坏和不良因素的影响，变压器绝缘老化、材质劣化从而导致故障和事故发生。本章主要阐述了油浸式变压器的故障检测技术，主要包括变压器油中溶解气体分析技术、变压器油微水检测技术、变压器油温检测技术、变压器绕组变形检测技术。以上技术手段均属于间接故障检测方法，不能给出精确的故障点位置。此外，本章详细阐述了水下微型机器人研究现状和变压器内部故障检测机器人研究现状。水下机器人由于发展时间较早，目前技术已发展成熟。但是，油浸式变压器故障检测机器人发展较晚，国内虽然有相关的专利，但并没有原理样机，国际上只有瑞士 ABB 公司推出的一款 TXplore Robot，因此，油浸式变压器内部故障检测机器人目前处于发展起步阶段。

参 考 文 献

[1] 刘振亚. 全球能源互联网跨国跨洲互联研究及展望[J]. 中国电机工程学报, 2016, 36(19): 5103-5110.

[2] 张远. 电力变压器继电保护动作行为仿真分析系统[D]. 长沙: 湖南大学, 2012: 2-8.

[3] 孔巾娇, 高克利, 阎春雨, 等. 以不停电检测状态量为主的变压器故障诊断方法研究[J]. 高压电器, 2015, 51(11): 161-167.

[4] 覃宁. 油浸式变压器故障诊断与局放故障定位研究[D]. 武汉: 华中科技大学, 2011: 7-16.

[5] Mirowski P, LeCun Y. Statistical machine learning and dissolved gas analysis: A review[J]. IEEE Transactions on Power Delivery, 2012, 27(4): 1791-1799.

[6] Alghamdi A S, Muhamad N A, Suleiman A A. Dissolved gas analysis (DGA) interpretation of oil filled transformer condition diagnosis[J]. Transactions on Electrical and Electronic Materials, 2012, 13(5): 229-232.

[7] Dai J J, Song H, Sheng G H, et al. Dissolved gas analysis of insulating oil for power transformer fault diagnosis with deep belief network[J]. IEEE Transactions on Dielectrics and Electrical Insulation, 2017, 24(5): 2828-2835.

[8] 刘云鹏, 许自强, 董王英, 等. 基于经验模态分解和长短期记忆神经网络的变压器油中溶解气体体积分数预测方法[J]. 中国电机工程学报, 2019, 39(13): 3998-4007.

[9] 周锋, 孙廷玺, 权少静, 等. 基于集合经验模态分解和极限学习机的变压器油中溶解气体体积分数预测方法[J]. 高电压技术, 2020, 46(10): 3658-3665.

[10] Saha T K, Purkait P. Investigations of temperature effects on the dielectric response measurements of transformer oil-paper insulation system[J]. IEEE Transactions on Power Delivery, 2007, 23(1): 252-260.

[11] Zaengl W S. Applications of dielectric spectroscopy in time and frequency domain for HV power equipment[J]. IEEE Electrical Insulation Magazine, 2003, 19(6): 9-22.

[12] 施广宇, 于晓翔, 林志坚, 等. 大型电力变压器油纸绝缘微水含量定量评估检测技术[J]. 高压电器, 2017(9): 165-170.

[13] 张明泽, 刘骥, 齐朋帅, 等. 基于介电响应技术的变压器油纸绝缘含水率数值评估方法[J]. 电工技术学报, 2018, 33(18): 221-231.

[14] Andria G, Attivissimo F, Nisio A D, et al. Design of a micro wave sensor for measurement of water in fuel contamination[J]. Measurement, 2018, 136: 74-81.

[15] 林智勇, 张达敏, 黄国泰, 等. 基于极化等效电路时间常数的油纸绝缘变压器微水含量评估[J]. 电机与控制学报, 2020, 24(12): 113-119.

[16] Swift G, Molinski T, Lehn W. A fundamental approach to transformer thermal modeling. I. Theory and equivalent circuit[J]. IEEE Transactions on Power Delivery, 2002, 16(2): 171-175.

[17] Picanco A F, Martinez M L B, Rosa P C. Bragg system for temperature monitoring in distribution transformers[J]. Electric Power Systems Research, 2010, 80(1): 77-83.

[18] 巫付专，吴必瑞，牟政忠. 基于 MSP430 和光纤传输的变压器温度检测系统[J]. 变压器, 2009, 46(6): 53-63.

[19] 张又力，王礼，熊兰，等. 10kV 干式变压器温度在线监测与评价系统[J]. 电测与仪表, 2012, 49(558): 33-37.

[20] 王恩，赵振刚，曹敏，等. 基于光纤 Bragg 光栅的油浸式变压器多点温度监测[J]. 高电压技术, 2017, 43(5): 1543-1549.

[21] Lech W, Tyminski L. Detecting transformer winding damage-the low voltage impulse method[J]. Electrical Review, 1966, 179(21): 768-772.

[22] Dick E P, Erven C C. Transformer diagnostic testing by frequency response analysis[J]. IEEE Transactions on Power Apparatus and Systems, 1978, 97(6): 2144-2153.

[23] 徐剑，邵宇鹰，王丰华，等. 振动频响法与传统频响法在变压器绕组变形检测中的比较[J]. 电网技术, 2011, 35(6): 213-218.

[24] 李振华，张阳坡，姚为方，等. 基于扫频阻抗法及支持向量机的变压器绕组微小变形分类方法[J]. 变压器, 2021, 58(1): 17-22.

[25] Liu Y P, Tian Y, Fan X Z, et al. Detection and identification of transformer winding strain based on distributed optical fiber sensing[J]. Applied Optics, 2018, 57(22): 6430-6438.

[26] 曹辰. 基于机械与电气参量的变压器绕组变形状态综合评估方法[D]. 沈阳：沈阳工业大学, 2018: 45-53.

[27] 林西川. 球形水下潜器的设计与建模研究[D]. 哈尔滨：哈尔滨工程大学, 2008: 78-84.

[28] 钟振东. 球形两栖机器人的特性评价[D]. 天津：天津大学, 2016: 34-42.

[29] Do K D, Jiang Z P, Pan J, et al. A global output-feedback controller for stabilization and tracking of underactuated ODIN: A spherical underwater vehicle[J]. Automatica, 2004, 40(1): 117-124.

[30] Watson S A, Crutchley D J P, Green P N. The mechatronic design of a micro-autonomous underwater vehicle (μAUV)[J]. International Journal of Mechatronics and Automation, 2012, 2(3): 157-168.

[31] 李为国，吴将，杨琦. 用于电力变压器内部故障检测的微型机器人：CN101393246[P]. 2009-03-25.

[32] 张西子，李岩松，陈亦骏. 变压器内部故障检测机器人的设计与制作[J]. 科技致富向导, 2012(14): 23.

[33] 王世有. 用于变压器局部放电诊断的智能机器人: CN105158654A[P]. 2015-12-16.

[34] 张耘溢，马磊，蒋超伟，等. 变压器内部故障检测机器人: CN206161750U[P]. 2017-05-10.

[35] 潘云, 杨彬, 黄浩, 等. 一种变压器不放油器身成像系统: CN206311678U[P]. 2017-07-07.
[36] Gregory C, Harshang S. ABB's TXplore robot redefines transformer inspection[EB/OL]. (2018-10-24)[2021-01-20]. https://new.abb.com/news/detail/7870/abbs txplore robot redefines transformer inspecti-on.
[37] Gregory C, Harshang S. TXplore™ internal transformer inspection robot[EB/OL]. (2018-10-30)[2021-02-15]. https://new.abb.com/products/transformers/service/advanced-services/txplore.

2 油浸式变压器结构分析

变压器是利用电磁感应原理设计的电能转换设备，主要作用包括变压、组网、电能分配等[1-2]。变压器的种类多，应用广泛。例如，在超高压输电系统中，发电站用升压变压器将输出的电压升高后再进行远距离传输，电能到达用户端后，降压变压器把电压降低以便用户使用，以此降低输电过程中电能的损耗；在家庭电路中，常用小功率电源变压器将市电电压转变为直流电压，为电子设备和仪器供电[3-4]。虽然变压器存在用途多样、体积差异大等特点，但其结构和工作原理基本相同。变压器按照冷却方式可分为油浸式变压器和干式变压器；按调压方式可分为无载调压变压器、有载调压变压器；按功率容量可分为小型变压器、中型变压器、大型变压器等。由于机器人工作于油浸式变压器内部，因此本章重点介绍油浸式变压器（简称变压器）的结构特点。了解变压器的结构对于机器人外形结构和硬件控制系统的设计、内部传感器的合理选择具有重要意义。

2.1 变压器结构特点

变压器外壳与内部结构如图 2.1 所示[5]，变压器主要由铁芯、绕组、油箱、油枕、气体继电器、呼吸器、压力释放阀、冷却系统、套管、温度计等附件组成[6]。变压器中有大量的锁紧螺母、螺钉和电缆，可能会干扰机器人的运动。油箱内装有 25#变压器油，主要用于绝缘、散热和灭弧。

变压器的俯视图如图 2.2 所示[7]。由图 2.2 可以看出，铁芯和绕组位于油箱的中心，绕组与油箱内壁的最短距离只有 30cm。因此，机器人的尺寸应小于 30cm。直径 40cm 的检修孔位于变压器顶部，机器人通过检修孔进入变压器。虚线表示机器人在变压器内的观察轨迹，机器人沿着不同深度的虚线轨迹检测绕组故障。L_A、L_B 和 L_C 表示 3 相低压套管，H_A、H_B 和 H_C 表示 3 相高压套管。

图 2.1　变压器外壳与内部结构

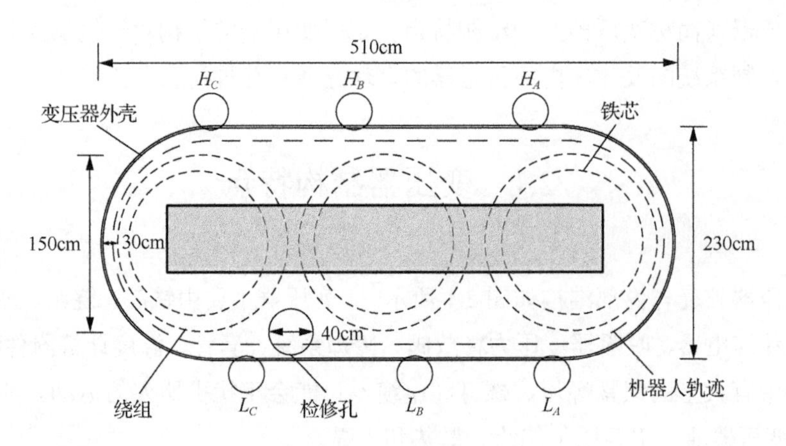

图 2.2　变压器俯视图

由以上分析可知，变压器的结构特点可总结为：密闭结构，内部空间狭窄；电缆密布，多障碍；内部充满变压器油。变压器内部空间结构给机器人设计和自主作业提出了严峻挑战。

2.2 220kV 变压器实例

为设计和验证机器人在变压器内部的工作性能，中国南方电网有限责任公司将深圳某供电站作为机器人的示范应用基地。在机器人设计初期，研究人员对示范应用基地的变压器展开了详细的调研工作。示范应用基地有220kV变压器2台，其中西安变压器厂生产的变压器1台，三菱电机株式会社生产的进口变压器1台。两台变压器均已运行20年以上，目前处于停运状态。两台变压器的性能指标如表2.1所示。从表中可以看出，同样功率的国产和进口变压器，国产变压器尺寸比进口变压器大2倍左右，内部变压器油的重量相差1倍多。

表2.1 变压器性能指标对比

	西安变压器厂	三菱电机株式会社
类型	有载调压变压器	有载调压变压器
型号	SFPSZ-15000/220	SUB-MRM
尺寸	9.3m×3.2m×2.9m	3.84m×2.3m×3.9m
额定频率/Hz	50	50
相数	3相	3相
额定容量/MVA	150	150
额定电压/kV	220	220
油重/t	51.1	22.5
总重/t	215	150
油面温升/℃	55	60
制造年月	1993年7月	1985年2月

三菱电机株式会社生产的SUB-MRM变压器外部结构图如图2.3所示，其外部结构尺寸3.84m×2.3m×3.9m。SUB-MRM顶部有一个手孔，直径60cm，如图2.4所示。220kV A相套管下面有一个开口排气阀，直径16cm，打开后可以放置天线。变压器顶部有手孔，机器人可以通过顶部的手孔进入变压器内部进行观测。

图 2.3 SUB-MRM 变压器外部结构图

图 2.4 SUB-MRM 变压器顶部手孔

手孔打开后，通过顶部手孔可看到变压器内部结构，如图 2.5 和图 2.6 所示，内部虽然电缆较多，但电缆布局规则，机器人可在空隙运动，完成对变压器内部结构的观测。

西安变压器厂生产的 SFPSZ-15000/220 变压器外形结构如图 2.7 所示。变压器的人孔位于变压器的调压开关底部，如果机器人从人孔进入变压器内部，需要放掉变压器油，放完油后机器人不能运动，因此机器人不能通过人孔进入变压器内部。

图 2.5 SUB-MRM 变压器内部结构图（一）

图 2.6 SUB-MRM 变压器内部结构图（二）

图 2.7 SFPSZ-15000/220 变压器

虽然 SFPSZ-15000/220 变压器顶部设计了压力释放阀，外形尺寸仅有 18cm，如图 2.8 所示。打开压力释放阀直接观测到变压器内部绕组的顶部，压力释放阀距离顶部仅有 5cm，因此机器人不能从压力释放阀进入变压器内部。

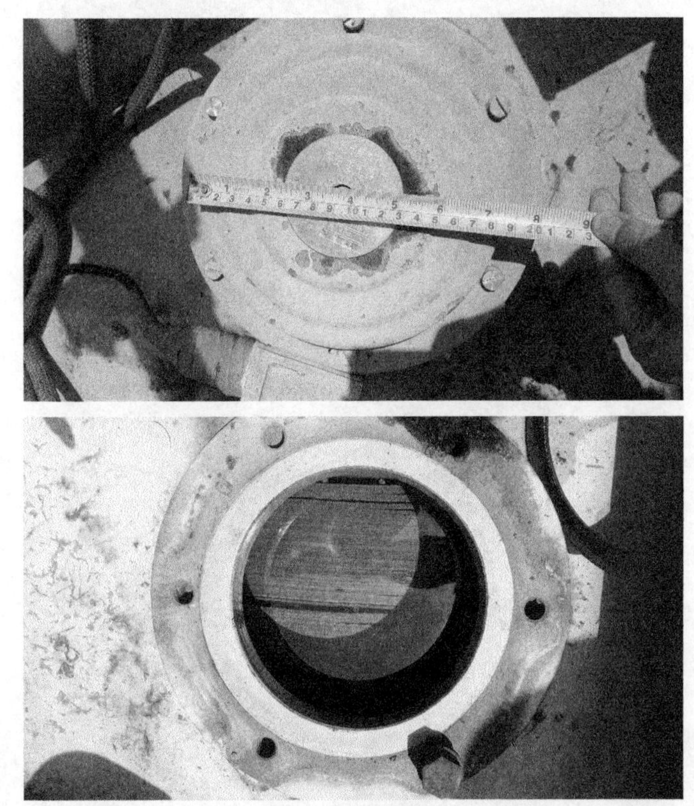

图 2.8　变压器顶部压力释放阀

通过观察 SFPSZ-15000/220 变压器外部结构，没有合适的机器人进入变压器的端口，因此拆掉了变压器顶部的 11kV C 相套管、11kV 接线箱、220kV A 相套管，通过三个端口观察到的内部结构如图 2.9～图 2.11 所示。套管下面连接接线端子，因此机器人不能从套管垂直进入变压器内部，接线箱里面布满了变压器绕组固定结构，同样没有机器人进入变压器内部的空间。因此，拆掉了 220kV A 相互感器（图 2.12），并且拔出了挡板（图 2.13），找到了机器人进入变压器内部的入口（图 2.14）。通过变压器内部结构图可以看出，绕组与变压器外壳之间的距离在 30cm 左右，中间空隙较大。

图 2.9 11kV C 相套管端口

图 2.10 11kV 接线箱

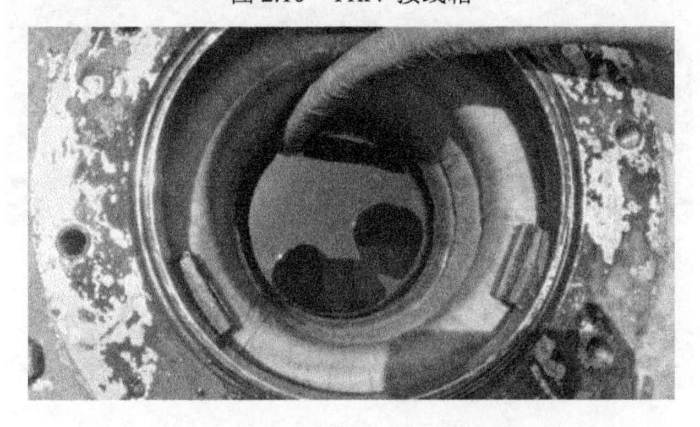

图 2.11 220kV A 相套管端口

图 2.12　220kV A 相互感器

图 2.13　变压器套管挡板

图 2.14　机器人入口

两台变压器运行时间均超过 20 年，由于变压器运行时间较长，变压器油颜色变化严重，变压器油使用前与使用后的对比如图 2.15 所示。变压器油长期工作在高温、高压的环境下，出现了变质、变色现象[8]。油变色会导致机器人获取的变压器内部结构不清晰，因此，研究如何获取清晰的变压器内部结构图像具有重要意义。

（a）使用前变压器油

（b）使用后变压器油

图 2.15　变压器油对比

2.3 机器人特性

结合变压器内部结构特点，为保证油浸式变压器内部故障检测机器人（为叙述方便，以下简称机器人）在变压器内部完成故障检测任务，所设计的机器人应具备如下特性。

（1）清洁性：机器人不能将杂质带入变压器，机器人观测时不能产生气泡，防止变压器油受污染。

（2）密封性：机器人工作于变压器油介质中，电子舱的密封舱体要能防止变压器油侵入，防止内部电路板受变压器油腐蚀。

（3）防腐性：机器人浸没于变压器油内部，外壳材料需要耐变压器油的长期腐蚀。

（4）灵活性：为了实现机器人全方位观测，机器人应具有多个运动自由度。

（5）防爆性：机器人自带锂电池，控制系统应具有完善的电池检测管理系统。

（6）体积小：变压器内部机器人观测路径空间最小尺寸仅有 30cm，要求机器人尺寸在 30cm 以内。

（7）避碰设计：机器人在观测时，不能碰撞变压器内部结构件，防止变形，降低绝缘性能。

（8）无线传输：机器人在变压器内部环绕绕组做圆形运动的轨迹观测，控制信号需要采用无线传输方式。

（9）定位功能：机器人在变压器内部观测时，应实时获得机器人在变压器内部的位置信息，为故障点的精确定位提供依据。

（10）安全性：机器人在通信故障、电池故障等特殊情况下，可以上浮至油面，便于机器人回收，因此机器人应具有正浮力，并且机器人表面光滑。

2.4 小　　结

本章结合 220kV 变压器实例详细介绍了变压器外部和内部结构，为机器人的设计提供了依据。变压器内部充满变压器油，并且内部空间狭窄、电缆密布，以上因素增加了机器人的设计难度。本章在分析变压器结构特点的基础上，归纳总结了机器人需具备如下特性：清洁性、密封性、防腐性、灵活性、防爆性、体积小、避碰设计、无线传输、定位功能、安全性。

参 考 文 献

[1] 肖凌杰，洪元鑫，易志鹏，等. 电力变压器的电气试验与继电保护[J]. 工程技术(引文版), 2016(3): 238.

[2] Martin D, Lelekakis N, Guo W Y, et al. Further studies of a vegetable-oil-filled power transformer[J]. IEEE Electrical Insulation Magazine, 2011, 27(5): 6-13.

[3] 王久和，李华德，王立明. 电压型 PWM 整流器直接功率控制系统[J]. 中国电机工程学报, 2006, 26(18): 724-726.

[4] 严铭，蔡晖，谢珍建，等. 适用于多端柔性直流输电系统的分布式直流电压控制策略[J]. 电力自动化设备, 2020, 40(3): 134-140.

[5] Prevost T A, Oommen T V. Cellulose insulation in oil-filled power transformers: Part I-history and development[J]. IEEE Electrical Insulation Magazine, 2006, 22(1): 28-35.

[6] Du J C, Chen W G, Cui L, et al. Investigation on the propagation characteristics of PD-induced electromagnetic waves in an actual 110 kV power transformer and its simulation results[J]. IEEE Transactions on Dielectrics and Electrical Insulation, 2018, 25(5): 1941-1948.

[7] Feng Y B, Liu Y J, Gao H W, et al. Hovering control of a submersible transformer inspection robot based on the ASMBC method[J]. IEEE Access, 2020, 8: 76287-76299.

[8] Zenova E V, Chernyshev V A. Assessment of insulation system state for oil-filled high-voltage transformers[J]. Russian Electrical Engineering, 2019, 90(2): 140-146.

3　机器人总体方案设计

变压器油箱的顶部通常存在手孔，机器人可以通过手孔进入变压器内部。为实现对变压器内部绕组、底部接线端子、顶端接线端子的全方位观测，机器人需具备在变压器内部狭窄空间灵活运动的能力。机器人进入变压器开展观测作业时，不能造成变压器油污染，应充分保障变压器的安全性。在前期调研的基础上，为保证机器人顺利完成变压器内部故障检测任务，本章从机器人机械结构和控制系统两方面详细阐述机器人总体方案。

3.1　机器人机械结构总体方案设计

3.1.1　机器人机械结构需求分析

根据调研的变压器内部结构及故障检测需求，机器人机械结构需求分析如下。

（1）根据变压器内部空间情况，狭缝处空间约为300mm，因此，该机器人的直径不能超过300mm。考虑到不同变压器品牌内部结构相差较大，以及实际操作的控制精度及安全余量，在研制直径200mm以内机器人基础上，开展更小尺寸机器人研发。

（2）机器人的空间运动能力需求强，需要具备前后、侧移、旋转、升沉运动的能力，使得机器人能够在条件复杂、障碍物众多的变压器内部灵活运动。

（3）机器人的体积有限，在满足运动需求的前提下要优化整体功耗，降低机器人的重量及体积需求，延长续航时间。

（4）机器人要提供足够的照明能力，方便摄像机获得清晰、高分辨率的视频图像，作为变压器内部故障判断的重要依据。

综合以上需求分析，研究机器人的机械结构总体方案。机器人推进系统是机器人结构设计首先要考虑的重要因素。根据机器人的运动功能需求，除了在垂直方向布置一个负责升沉运动的推进器，还需要在水平方向布置 3 个以上的推进器，才能满足机器人灵活运动的要求。

水下机器人的推进方式主要为螺旋桨式和喷射式。螺旋桨推进方式的优点为发展成熟，具有长期的应用基础，效率较高，推力较大；缺点是空间占用高，在液体通道上需要保持畅通，造成较大的空间浪费[1-3]。同时，螺旋桨推进器在高速旋转时会产生气泡，大量的气泡会降低变压器油的介电强度，从而降低变压器油的绝缘性能[4]。喷射推进方式研究起步较晚，在低速下效率较低，优点为布置灵活，可以节省空间[5]。

机器人如采用螺旋桨推进方式，水平方向需矢量布置 4 个螺旋桨。根据机器人阻力及螺旋桨推进效率估算，螺旋桨直径应大于 25mm。为了避免螺旋桨的突出旋转部位与变压器内部障碍物产生碰撞，螺旋桨应全部位于机器人结构的槽道内。直径 200mm 的球形结构增加 4 个直径 30mm 的槽道后，槽道产生了明显的干涉交汇。螺旋桨推进的主体结构如图 3.1 所示。

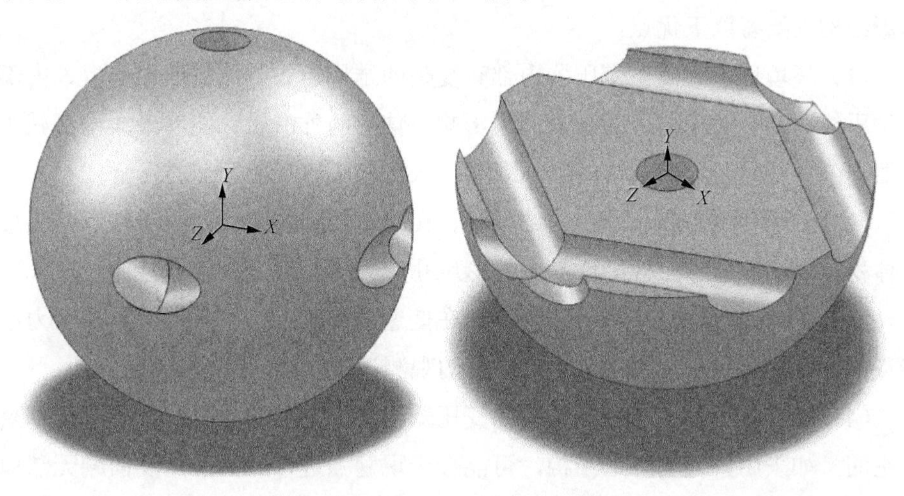

图 3.1 螺旋桨推进的主体结构

如采用矢量布置的喷射式推进，则在机器人内部不需要设计槽道，可以充分利用机器人内部空间。综合变压器内部环境特点及任务要求，机器人结构设计需具备如下性能。

（1）机器人在水平方向和垂直方向应具有侧移、横移、旋转、升沉等多个运动自由度，使机器人可在变压器内部灵活运动。

（2）机器人的外形尺寸应小于变压器内部的最小空间，使机器人能在变压器内部完成故障检测任务。

（3）机器人外部结构光滑、无凸起，避免碰撞变压器内部电缆，造成变压器二次损坏。

（4）机器人搭载高清的视觉传感器系统，可在变色、无光的变压器内部观察故障点。

3.1.2 机器人机械结构特点

水下机器人外形结构是影响机器人运动性能的重要因素[6]。水下机器人常用的外形结构包括：框架型、流线型、仿生鱼型、球形、混合型[7]。球形机器人具有零旋转半径、多自由度运动的能力，被广泛应用于狭小、封闭环境[8]。为了保障机器人在充满变压器油的狭小空间内运动，机器人采用完全封闭的球形结构，球形结构主要有以下优点。

（1）环境适应性高。变压器内部有复杂的结构，如侧面的加强筋板、内部的各种引线等都会对机器人的运动造成影响，球形的外形设计能够最大程度减小变压器内部各种障碍物对载体的运动影响，保护变压器及机器人的安全。

（2）空间利用率高。球形的结构设计在给定的结构尺寸约束条件下具有最大的体积利用率，能够有效降低最大外形尺寸。

（3）运动性能好。球形的结构设计在低速、全方位运动条件下具有阻力小的特点，同时转向灵活，方便进行多角度的观测调查作业。

（4）脱障能力强。要进行全面的变压器检测，不可避免要进入一些局部狭小的空间，如采用其他的外形结构，可能会出现勉强进入后由于角度问题无法原路返回的情况，而球形机器人在结构上具有各方向体积相同的特点，拥有较强的脱障能力。

3.1.3 机器人机械结构总体方案

考虑到机器人在复杂结构下的通过性，机器人整体采用球状外形。为适应不同内部空间的变压器结构，设计两套机器人，外径分别为190mm、150mm。

为保障机器人在变压器内部具备多个运动自由度，机器人需搭载 6 个喷射泵：垂直方向布置 2 个推喷射泵，使机器人实现下潜运动，机器人依靠自身正浮力上浮；水平方向布置 4 个喷射泵，使机器人实现横移、侧移及转向运动。机器人受力分析如图 3.2 所示，在垂直方向受到浮力 F_1、重力 G 和喷射泵产生的推力 F_2，v_1、v_2 分别表示机器人上升和下降速度。在水平方向机器人受到的喷射泵推力为 F_3、F_4、F_5、F_6，v_3、v_4 表示机器人横移速度，v_5、v_6 表示机器人侧移速度，w_1、w_2 表示机器人旋转速度。

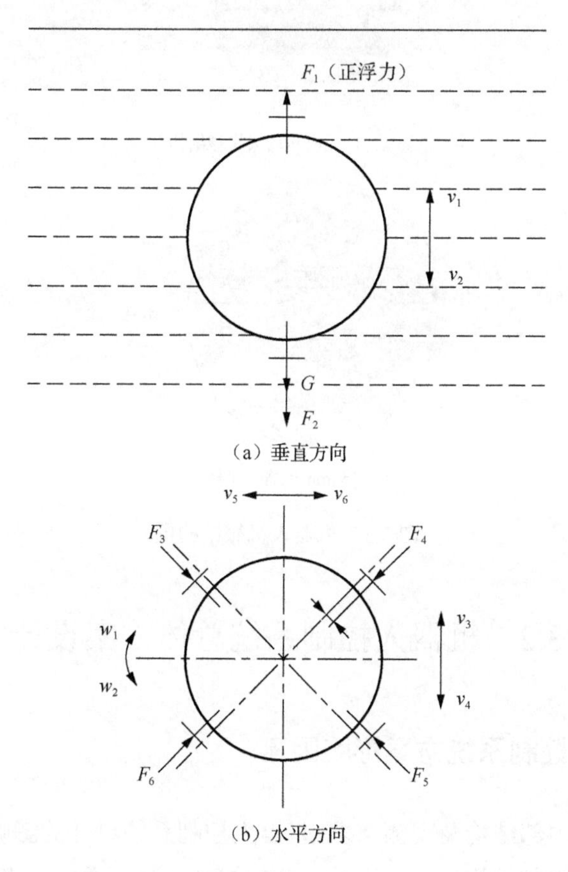

（a）垂直方向

（b）水平方向

图 3.2　机器人受力分析

多个喷射泵组成的推进系统仅解决了机器人在变压器内部的运动问题。为实现故障检测，机器人还需搭载视觉检测、电源管理、驱动及通信设备等部件。为防止机器人在作业过程中被变压器内部电缆、凸起卡住，机器人搭载的所有设备均需布置在球形外壳内部。机器人机械结构如图 3.3 所示，其中 190mm 机器人整体外形结构由激光雷达防护罩、上罩、中环、下罩构成，150mm 机器人由上罩、中环和下罩组成。

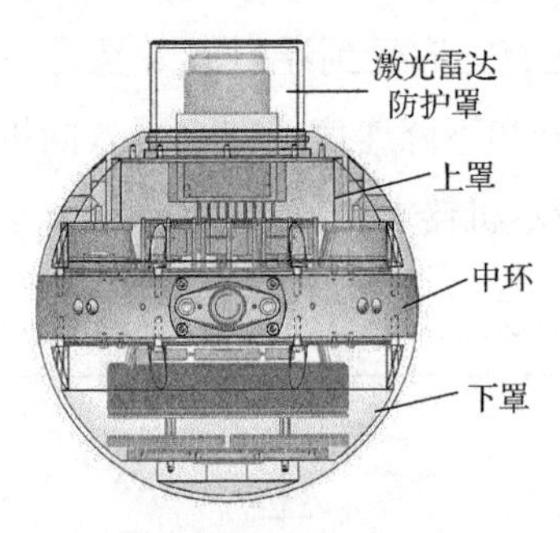

（a）190mm机器人机械结构

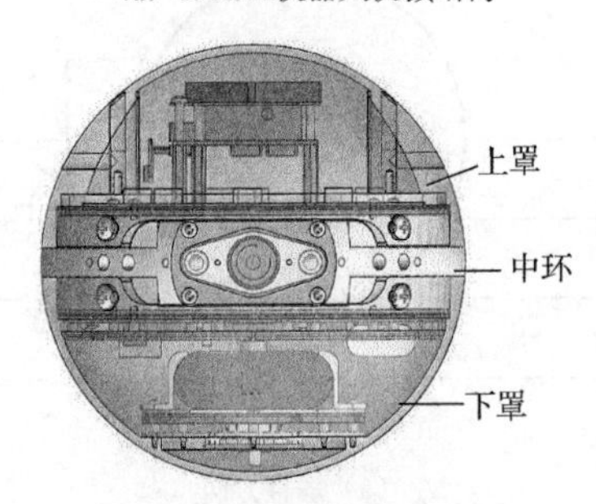

（b）150mm机器人机械结构

图 3.3　机器人机械结构图

3.2　机器人控制系统总体方案设计

3.2.1　机器人控制系统方案影响因素

根据变压器内部结构及观测需求，机器人控制系统设计的影响因素总结如下。

（1）变压器内部结构复杂，引线、凸起较多，避免通信电缆和电力电缆在机器人运动过程中发生缠绕，机器人与操作控制终端需采用无线通信方案，并且机器人自带锂电池。

（2）机器人要实现对变压器顶部与底部接线端子的观测，机器人需安装广角视觉采集系统，该系统放置在机器人中环。

（3）机器人工作于密闭的变压器内部，为了测量机器人在变压器内部的位置信息，机器人顶部安装激光雷达，以检测机器人到达障碍物的距离，从而得到机器人的位置信息。由于受 150mm 机器人体积的限制，激光雷达仅搭载在 190mm 机器人上。

3.2.2 机器人控制系统通信方案分析

1. 变压器油作为电磁信号传输媒介理论分析

机器人通过无线通信模块建立了高速数据传输链路。无线通信模块采用 2.4GHz 电磁信号作为数据传输载体。电磁信号在媒质中的传播距离取决于在媒质中损耗的大小。媒质的损耗分为介质损耗和焦耳损耗[9]。介质损耗：指构成介质的电偶极子或磁偶极子在高频电磁场作用下发生旋转，并不断与晶格发生碰撞，将电磁能量转换为热能而引起的电磁波能量损耗[10]。焦耳损耗：指由于媒质的电导率 $\sigma \neq 0$，而在媒质中存在传导电流，此传导电流在媒质电阻中的损耗[11]。

工程中区别不同媒质特性的方法，通常按 $\dfrac{\sigma}{\omega\varepsilon}$ 将媒质分类，其中，ε 为介电常数，ω 为角频率。

当 $\dfrac{\sigma}{\omega\varepsilon} \to \infty$ 时，媒质为理想导体，基本上不存在。

当 $\dfrac{\sigma}{\omega\varepsilon} \gg 10^2$ 时，媒质为良导体，如铜、银、铝等金属导体。

当 $10^{-2} < \dfrac{\sigma}{\omega\varepsilon} < 10^2$ 时，媒质为半导电介质。

当 $\dfrac{\sigma}{\omega\varepsilon} \ll 10^{-2}$ 时，媒质为低损耗介质，如有机玻璃、聚乙烯等材料。

当 $\dfrac{\sigma}{\omega\varepsilon} = 0$ 时，媒质为理想介质，实际中理想介质不存在。

当电磁信号频率为 2.4GHz 时，根据变压器油介电常数和电导率计算：

$$\frac{\sigma}{\omega\varepsilon} = \frac{1\times10^{-12}\times\dfrac{36\pi}{10^{-9}}}{2\pi\times2.4\times10^{9}\times2.2} = 3.41\times10^{-6} \tag{3.1}$$

由计算结果可知，变压器油属于低损耗介质。

电磁波在低损耗介质中传播具备如下特点：假设电磁波在介电常数为 $\varepsilon_e = \varepsilon' - \mathrm{j}\varepsilon''$（j 为虚数单位）的损耗介质中传播。若将此介电常数与等效介电常

数 $\varepsilon_c = \varepsilon - \mathrm{j}\dfrac{\sigma}{\omega}$ 相比较，可看出 $\varepsilon \sim \varepsilon'$，$\sigma \sim \omega\varepsilon''$，用数学比拟方法可知衰减常数可用式（3.2）计算[12]：

$$\alpha = \omega\sqrt{\frac{\mu\varepsilon'}{2}\left(\sqrt{1+\left(\frac{\varepsilon''}{\varepsilon'}\right)^2}-1\right)} \tag{3.2}$$

相位常数可用式（3.3）表示：

$$\beta = \omega\sqrt{\frac{\mu\varepsilon'}{2}\left(\sqrt{1+\left(\frac{\varepsilon''}{\varepsilon'}\right)^2}+1\right)} \tag{3.3}$$

对于低损耗介质 $\dfrac{\sigma}{\omega\varepsilon} \ll 10^{-2}$，式（3.2）和式（3.3）可近似为

$$\alpha = \frac{\omega\sqrt{\mu\varepsilon'}}{2}\frac{\varepsilon''}{\varepsilon'} \tag{3.4}$$

$$\beta = \omega\sqrt{\mu\varepsilon'}\left(1+\frac{1}{8}\left(\frac{\varepsilon''}{\varepsilon'}\right)^2\right) \tag{3.5}$$

对于良好的低损耗介质，其 $\dfrac{\varepsilon''}{\varepsilon'}$ 趋于 0，此时衰减常数 $\alpha \approx 0$。

根据变压器油参数可以算出衰减常数及相位常数：

$$\begin{aligned}\beta &= \omega\sqrt{\mu\varepsilon} = 2\pi f\,\frac{\sqrt{\mu_r\varepsilon_r}}{c} \\ &= 2\pi \times 2.4\times 10^9 \times \frac{\sqrt{1\times 2.2}}{3\times 10^8} = 74.3(\mathrm{rad/m})\end{aligned} \tag{3.6}$$

从计算结果可以看出，该媒质具有理想介质的特性，变压器油属于非导电介质，经理论分析可以传输 2.4GHz 电磁信号。

2. 通信方案实验

由于 WiFi 无线通信以 2.4GHz 的电磁信号作为数据传输的载体。在电磁信号以变压器油作为传输媒介理论分析的基础上，选择了一款具有 WiFi 传输功能的摄像头做通信实验。摄像头自带云台，设备提供了手机应用程序（application，APP），该软件可以实现视频的接收及运动控制命令的发布。实验过程中，将摄像头放入装有变压器油的油桶里面，油深度 1.5m，利用手机连接到摄像头的 WiFi 热点，打开手机的 APP 可以接收到视频信息，并且可以控制摄像头云台转动，因此，通

过实验证明了 2.4GHz 电磁信号可以在变压器油中传输。实验过程如图 3.4 和图 3.5 所示。

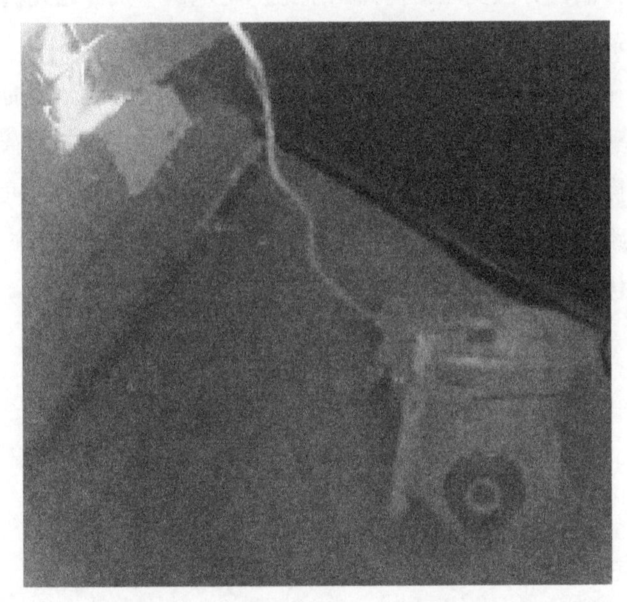

图 3.4 摄像头放置于变压器油内部

图 3.5 手机 APP 接收到的视频效果

3.2.3 机器人控制系统总体方案

控制系统是机器人实现在变压器内部故障检测的关键。机器人控制系统总体框图如图 3.6 所示，该图定义了机器人控制系统各部分之间的连接关系。变压器内部充满变压器油，并且变压器内部的绕组产生电磁干扰，因此机器人的控制系统应具备在复杂电磁干扰环境下稳定、可靠工作的特性。

机器人工作于变压器内部，需要在变压器内部围绕绕组做圆周轨迹的观测，为使机器人运动灵活，并且不带入杂质，无线通信是机器人首选的数据传输方式。机器人需要向操作控制终端实时传输的数据主要包括视频数据、机器人运行姿态数据、激光测距传感器数据等，数据量较大，因此通信系统选择传输速率高、体积小的数字图传模块[13]。

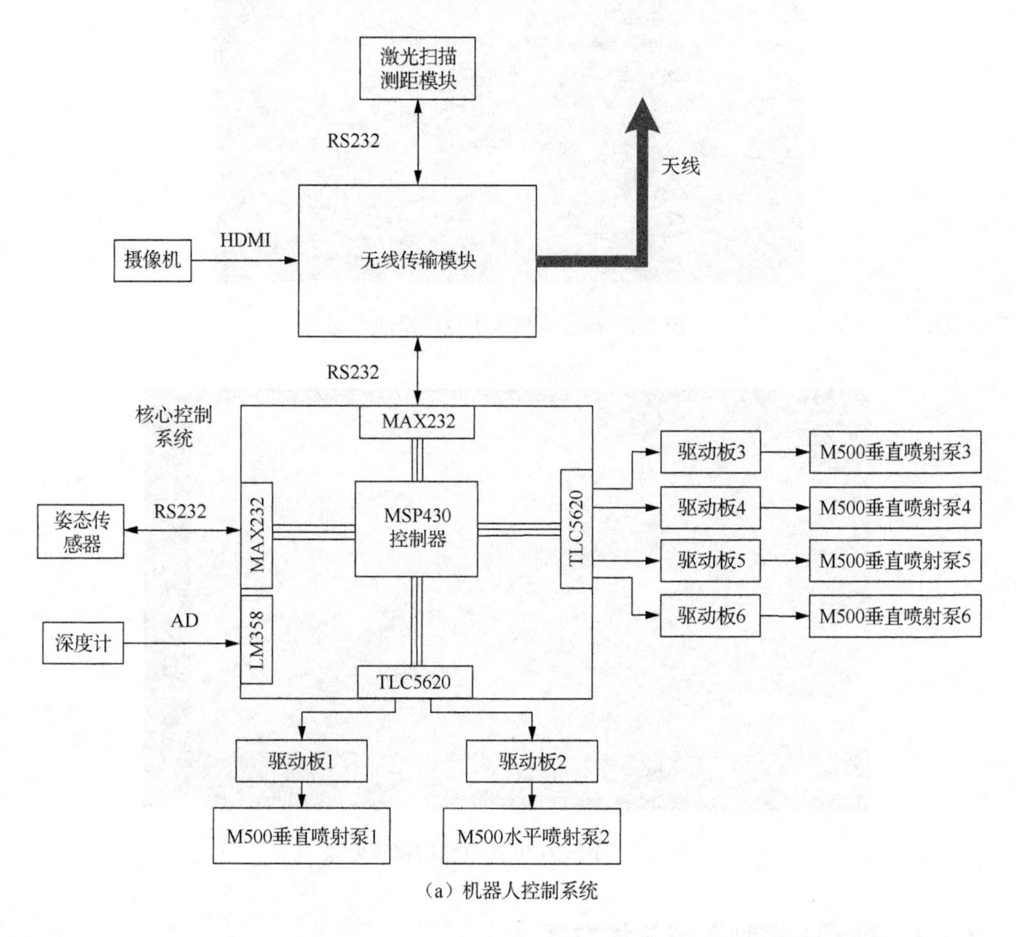

(a) 机器人控制系统

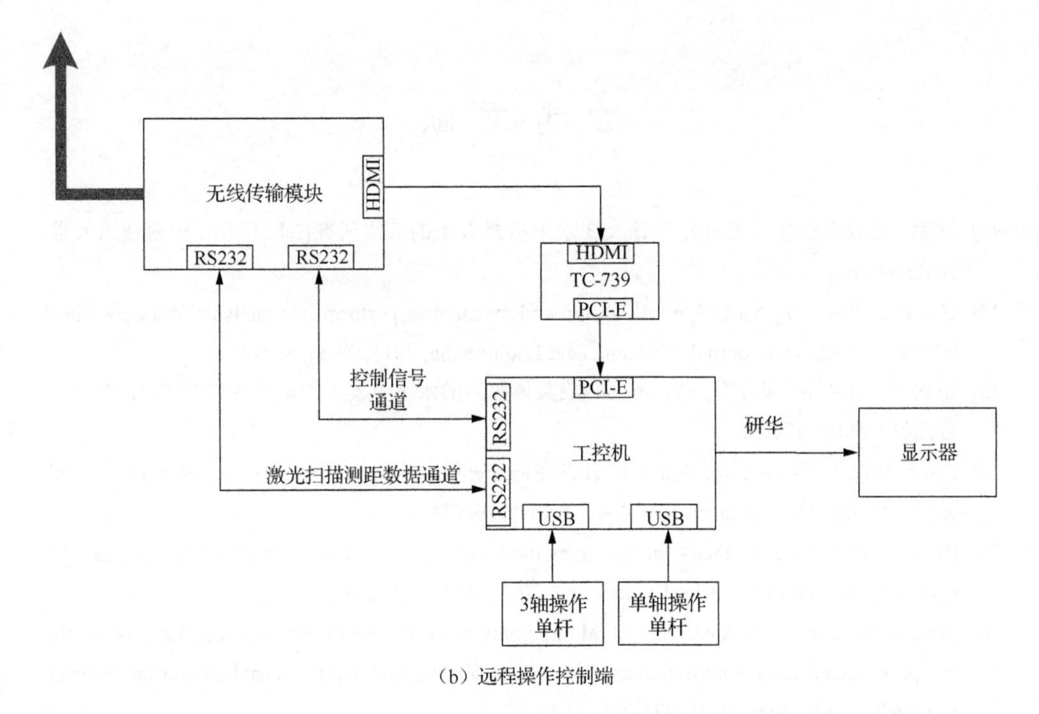

（b）远程操作控制端

图 3.6　机器人控制系统总体框图

高清多媒体接口（high definition multimedia interface，HDMI）；
混合信号处理器（mixed signal processor，MSP）；
232号推荐标准（recommended standard 232，RS232）；
高速串行互连标准（peripheral component interconnect express，PCI-E）；
通用串行总线（universal serial bus，USB）

3.3　小　结

根据变压器内部特点及机器人需求，本章提出了机器人总体技术方案。机器人驱动方式采用喷射泵驱动，该驱动方式可避免变压器油产生气泡及螺旋桨对变压器内部的损坏，安全性、可靠性高；机器人外形结构采用球形结构，球形结构可保障机器人进入狭小的空间以后可安全退出；机器人通信方式采用无线通信，供电方式采用自带锂电池，避免机器人在变压器内部观测时发生电缆缠绕，给机器人带来风险。

参 考 文 献

[1] 程鹏. 集成电机泵喷推进器设计及在水下机器人上的应用研究[D]. 广州: 华南理工大学, 2012: 34-46.

[2] Gao F D, Pan C Y, Xu H J, et al. Design and mechanical performance analysis of a new wheel propeller[J]. Chinese Journal of Mechanical Engineering, 2011, 24(5): 805-812.

[3] 王太友, 胡以怀, 张宝吉, 等. 考虑螺旋桨体积力的水下机器人水动力特性仿真[J]. 船舶工程, 2018, 40(1): 12-16.

[4] Panov V A, Kulikov Y M, Son E E, et al. Electrical breakdown voltage of transformer oil with gas bubbles[J]. High Temperature, 2014, 52(5): 770-773.

[5] Pak J S, Yoshimura Y. Study on dynamics model of underwater vehicle controlled by water-jet system[J]. Journal of Fisheries Engineering, 2010, 47(2): 129-138.

[6] Tang S L, Ura T, Nakatani T, et al. Estimation of the hydrodynamic coefficients of the complex-shaped autonomous underwater vehicle TUNA-SAND[J]. Journal of Marine Science and Technology, 2009, 14(3): 373-386.

[7] 王姝婷, 齐永锋, 戴志光, 等. 小型水下机器人外形及其直航阻力特性研究[J]. 机械设计与制造, 2013(12): 135-137.

[8] Yue C F, Guo S X, Li M X, et al. Mechatronic system and experiments of a spherical underwater robot: SUR-II[J]. Journal of Intelligent & Robotic Systems, 2015, 80(2): 325-340.

[9] 陈重, 崔正勤. 电磁场理论基础[M]. 北京: 北京理工大学出版社, 2003.

[10] Sarychev A K, Shalaev V M. Electromagnetic field fluctuations and optical nonlinearities in metal-dielectric composites[J]. Physics Reports, 2000, 335(6): 275-371.

[11] Muroga S, Yamaguchi M. RF joule losses analysis in thin film noise suppressor estimated by 3-D equivalent circuit network[J]. IEEE Transactions on Magnetics, 2009, 45(10): 4804-4807.

[12] 路宏敏, 赵永久, 朱满座. 电磁场与电磁波基础[M]. 北京: 科学出版社, 2012.

[13] Ratul M, Aruna B. Interactive WiFi connectivity for moving vehicles[J]. ACM SIGCOMM Computer Communication Review, 2016, 38(4): 427-438.

4 机器人机械结构设计

油浸式变压器主要由油箱、绝缘油、绝缘套管、铁心柱及相关附件等构成[1-2]。变压器内部放置铁芯和绕组两部分，空间狭小且器件分布复杂，油管及电缆等连接器件排布多，排布结构不规则，这些都是机器人结构设计需要考虑的关键因素。此外，变压器内部充满变压器油，为实现机器人在变压器内部移动观测，机器人应具备在变压器油内部灵活移动的能力。研究可实现机器人在变压器内可靠运动的机械结构，结合变压器内部结构复杂和间隙空间小的特点，本章重点研究机器人机械结构形式及其特性，主要内容包括机器人机械结构紧凑型设计、机器人喷射泵推力分析、机器人流体动力学分析、机器人运动单元结构特性分析、机器人外壳耐油腐蚀性设计。

4.1 机器人机械结构紧凑型设计

4.1.1 机器人结构尺寸确定

为满足机器人在充满变压器油的狭窄空间内部运动的需求，机器人采用全封闭的球形结构设计。球形结构具有零转弯半径、多自由度运动、控制灵活的优点[3-5]。为保证机器人能够在变压器内部复杂结构中顺利通过，同时保证机器人观测、运动、控制、定位及续航等功能满足设计指标，综合考虑各因素，采取两套机器人设计方案，以适应不同变压器的内部空间。为使机器人力学特性、耐压性和耐冲击性满足作业要求，机器人防护外壳厚度设计为 5mm。同时综合考虑材料加工工艺性和结构力学特性，设计机器人中环尺寸为 190mm 和 150mm。上述结构尺寸确定后，机器人内部空间大小可初步确定，其内部空间结构如图 4.1 所示。机器人内部其他零部件则以此为限制条件进行设计和选型。

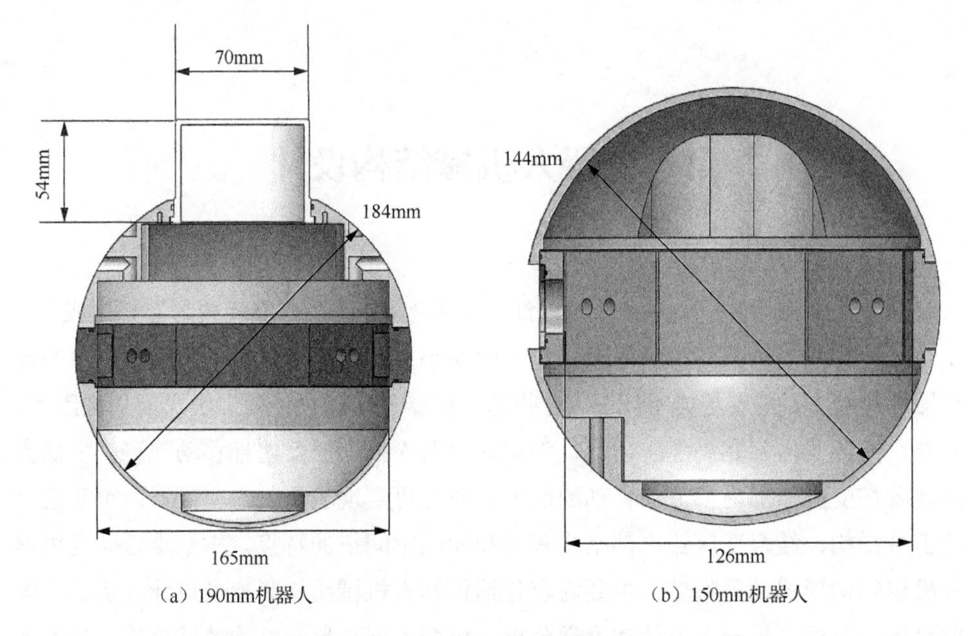

（a）190mm机器人　　（b）150mm机器人

图 4.1　机器人空间结构图

4.1.2　机器人内部零部件小型化设计

为完成对变压器内部故障的检测任务，机器人需搭载激光雷达、深度计、摄像机、电池、喷射泵等设备。机器人内部结构紧凑，为合理利用机器人内部空间，将机器人内部结构进行层次化设计。190mm 机器人内部结构分为探测层、电路层、推进/观测层、电源层及配重层，150mm 机器人受空间限制没有安装激光雷达，因此缺少了探测层，如图 4.2 所示。针对每一层，以小型化为目的进行零部件设计及选型。

1. 机器人探测层小型化设计

机器人探测层主要搭载激光雷达传感器。探测层内部空间尺寸如图 4.3 所示。激光雷达传感器设计选型时必须考虑探测层内部空间。

激光雷达传感器是一种能够进行扫描测距的激光测距传感器。该传感器可以探测机器人中心到周围障碍物的距离，为机器人定位和避障提供数据源。为满足机器人小型化设计，保证激光雷达能够安装在探测层内，通过大量调研，最终选择目前市场上较小的激光雷达作为机器人定位元件。该激光雷达型号为

URG-04LX-UG01，其外形结构如图 4.4 所示。

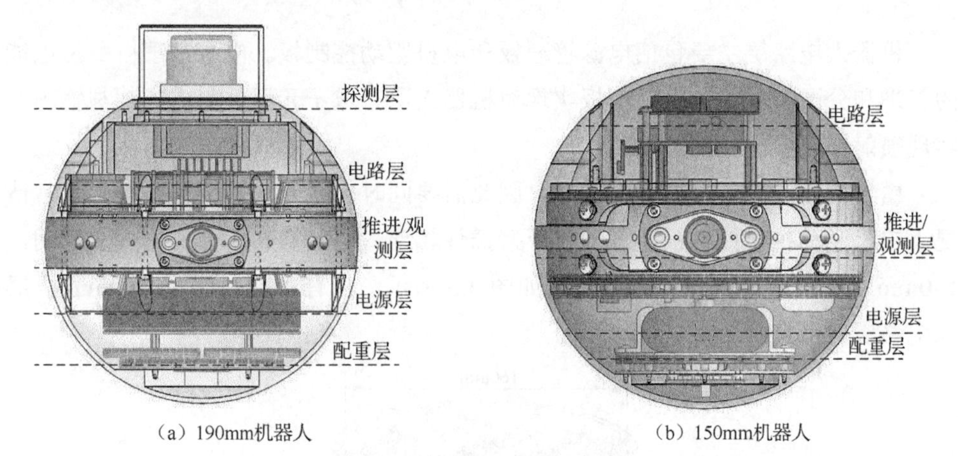

（a）190mm机器人　　（b）150mm机器人

图 4.2　机器人内部结构分层图

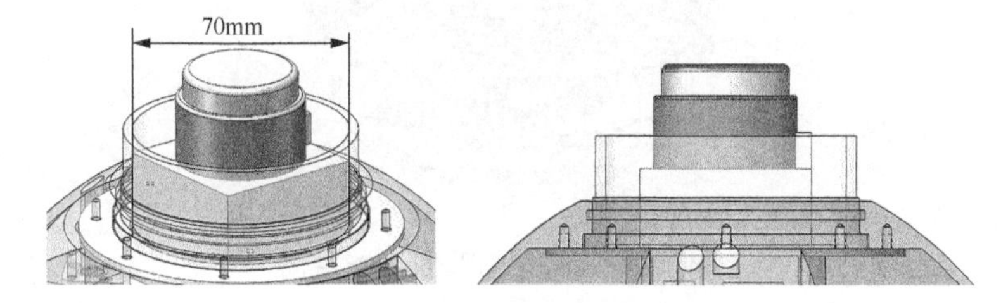

图 4.3　探测层内部空间尺寸图

图 4.4　激光雷达外形结构

2. 机器人电路层小型化设计

机器人电路层主要包括电源管理板和电机驱动控制板。电源管理板负责电能的管理和分配，电机驱动控制板实现对机器人所有电子元器件集成控制与输出，实现喷射推进泵的控制与调速。

由于机器人布置有 6 个喷射泵，因此需要同时安装 6 块电机驱动板。正常情况下电机驱动板与控制板通过导线及接插件相连，而这样布置会占用大量空间，190mm 机器人电路层轴向安装空间如图 4.5 所示，仅有 160mm，而 150mm 机器人电路层内部空间更小。

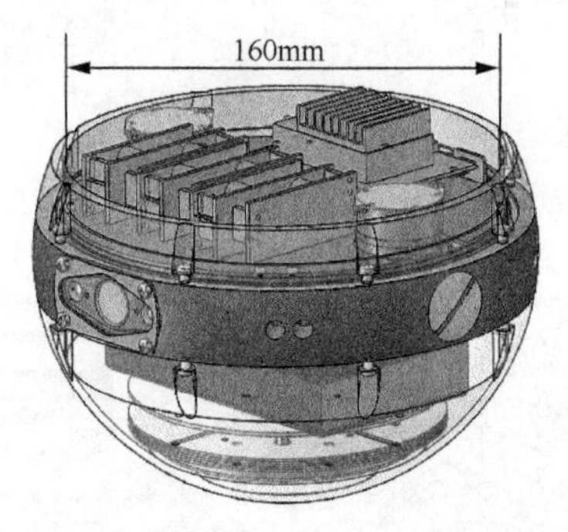

图 4.5　机器人电路层轴向安装空间

因此，为保证机器人电路层能够顺利安装，实现机器人电路层小型化，将电机驱动板与控制板连接方式设计为直插式，直接将 6 个电机驱动板插入控制板背面对应针孔，并依据机器人结构形式设计控制板，以提高机器人电路层空间的利用率。组合后的电路层结构在机器人内安装情况如图 4.6 所示。

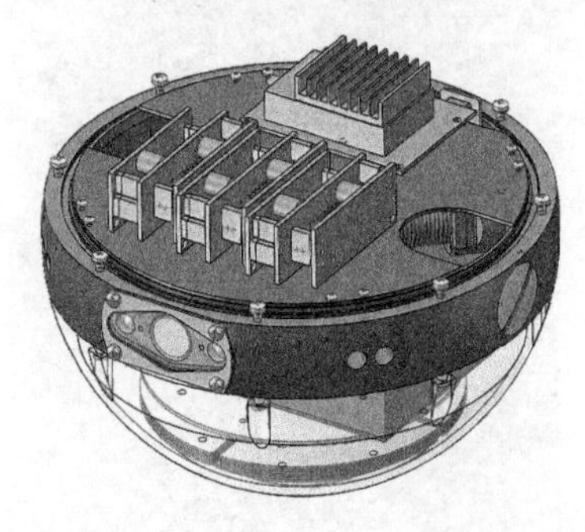

图 4.6　机器人电路层布置情况

3. 机器人推进/观测层小型化设计

机器人推进/观测层指布置在中环内部的各零部件，主要有机器人喷射泵、深度传感器及摄像机组件。

1）推进系统的设计与实现

为实现机器人的多自由度运动和在充油环境下可靠运行，两套机器人方案均采用如图 4.7 所示的推进方式。其中垂直方向采用 2 个喷射泵分 4 路连接到垂直喷口产生推力；水平方向推力由 4 个偏心矢量布置的喷射泵产生；相邻喷射泵可输出水平平移运动所需的推力；相对喷射泵输出机器人在水平面内旋转运动所需的推力。

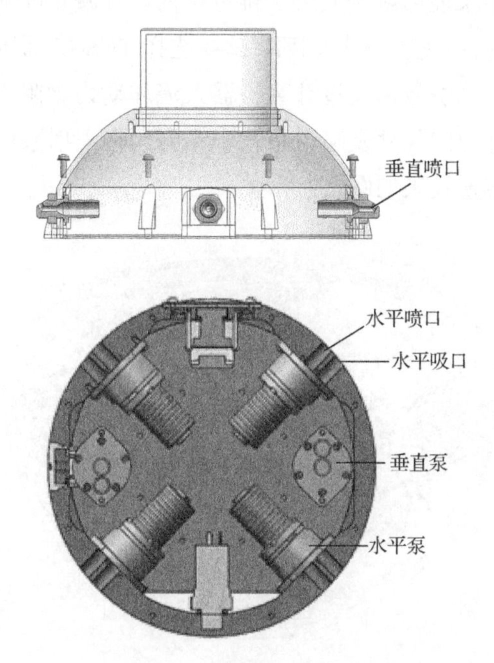

图 4.7　推进系统布置图

推进系统布置方案具备如下特点：水平方向采用 4 个矢量布置的喷射泵可以实现机器人旋转、侧移、横移方向的运动；喷射泵采用微型液体泵，水平喷射泵通过法兰固定安装在中环上，垂直喷射泵通过软管连接进油口与垂直喷口；控制系统对喷射泵进行协同控制，以提供机器人检测过程中所需的推力。

由于喷射泵数量较多，体积相对较大，因此占据了机器人推进层的主要空间。同时也是机器人推进层小型化设计的关键。水平运动所需的 4 个喷射泵需通过法兰安装方式固定在中环上。中环推进层可安装喷射泵的轴向尺寸如图 4.8 所示。

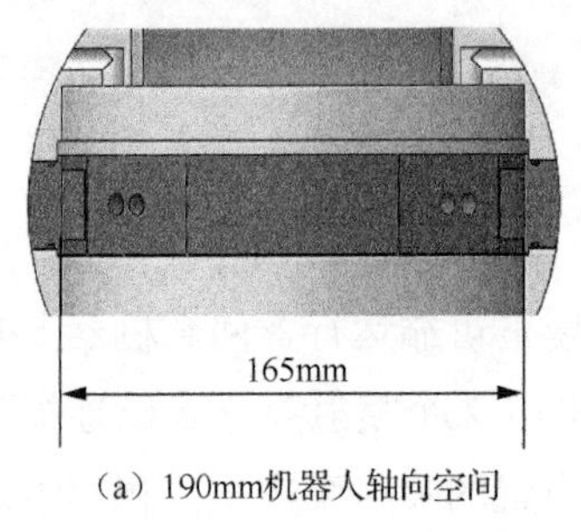

（a）190mm机器人轴向空间

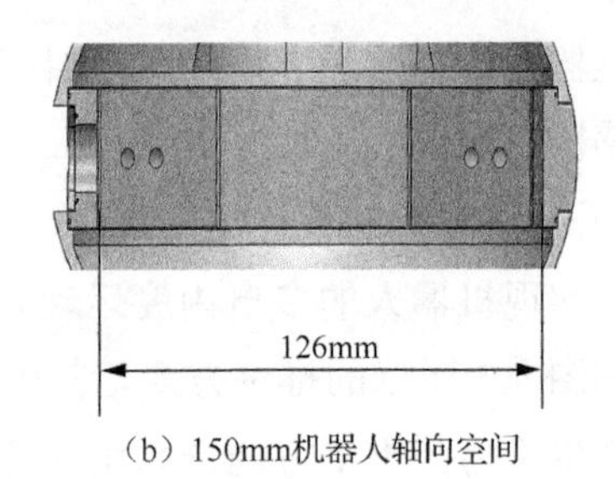

（b）150mm机器人轴向空间

图 4.8　推进层轴向安装尺寸

为保证 6 个喷射泵能够顺利安装于推进层内，并减小喷射泵压力损失，同时要保证达到其性能指标，通过大量调研，最终选择 TCS-M 系列的微型喷射泵作为机器人推进装置，具体型号需通过计算机器人流体动力学阻力之后才能确定。虽然两款机器人的内部空间尺寸及喷射泵大小不同，但喷射泵的安装方式和安装位置相同，各喷射泵布置效果如图 4.9 所示。

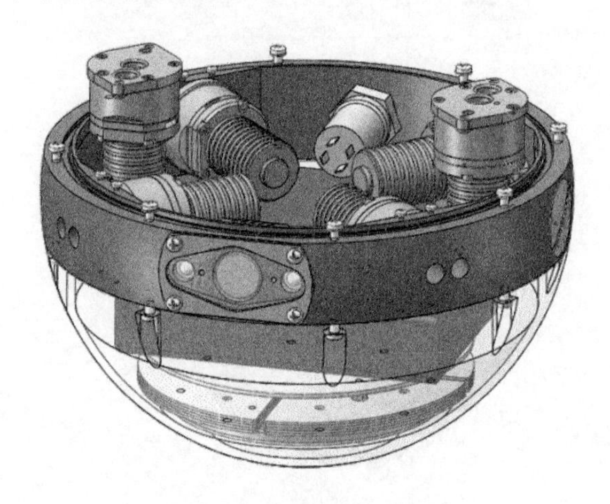

图 4.9　喷射泵布置效果

2）深度传感器

深度传感器的作用是测量机器人在变压器油内部的工作深度，协助机器人定位和定深。深度传感器的选型原则要在满足性能指标的前提下，选取结构尺寸较小的产品。通过选型，最后确定 Gems 公司的压力变送器作为机器人深度传感器，型号为 Gems3500。该传感器结构紧凑，安装方便，通过螺纹安装于中环固定孔内。深度传感器如图 4.10 所示。

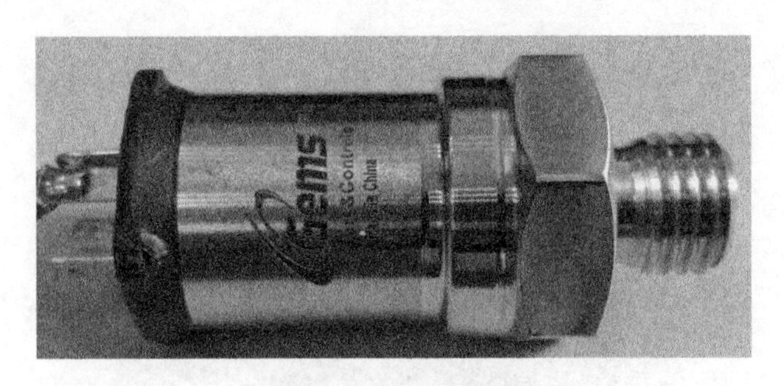

图 4.10　深度传感器

深度传感器外形尺寸及其在推进层安装情况如图 4.11 所示。

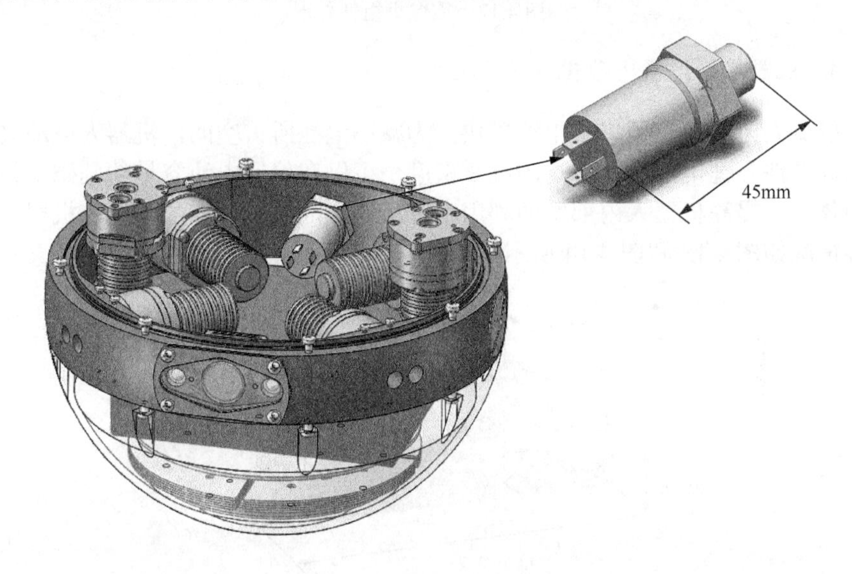

图 4.11　深度传感器安装图

3）摄像机组件

机器人摄像机组件选型应考虑如下因素：机器人中环结构紧凑，摄像机组件的结构尺寸要小；摄像机组件的输出接口应与无线通信模块匹配，数据可通过无线通信模块传输；摄像机的分辨率高，视角范围大，利于变压器内部故障点的检测。根据上述设计要求，选择 Foxeer-box 系列无线高清摄像机作为机器人观测摄像机。该摄像机组件由镜头板、模组板等部件构成，尺寸较小，方便安装，其外形如图 4.12 所示。

图 4.12　摄像机组件外形

4. 机器人电源层小型化设计

机器人电源层主要包括电池模块。为减小电池所占空间，机器人电池采用聚合物锂电池。锂电池具有较高的能量密度，可以在保证电池容量的基础上最小化电池体积，提高机器人内部空间利用率。所选电池的结构参数及其在机器人内部安装情况如图 4.13 和图 4.14 所示。

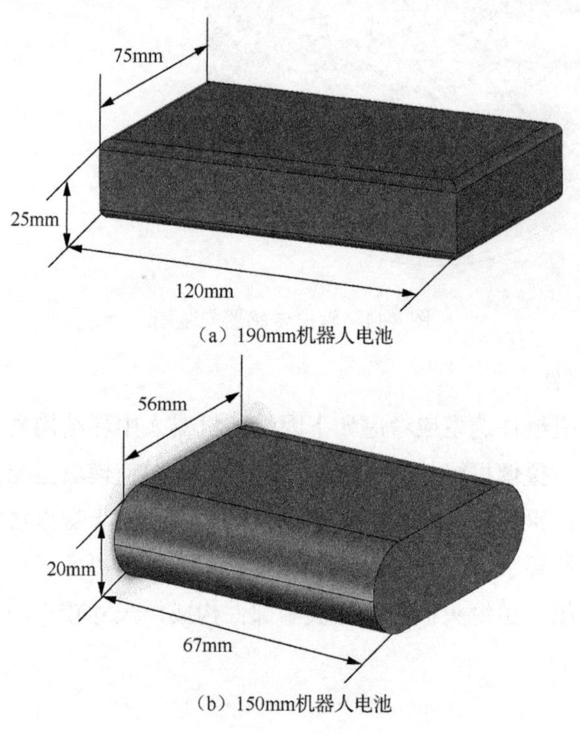

（a）190mm机器人电池

（b）150mm机器人电池

图 4.13　机器人电池结构参数

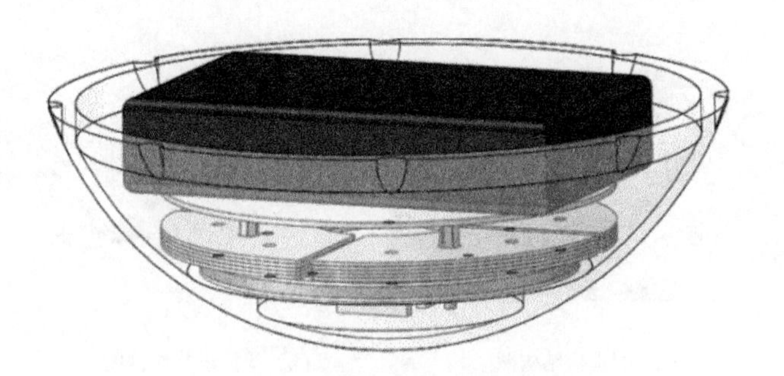

（a）190mm 机器人电池安装图

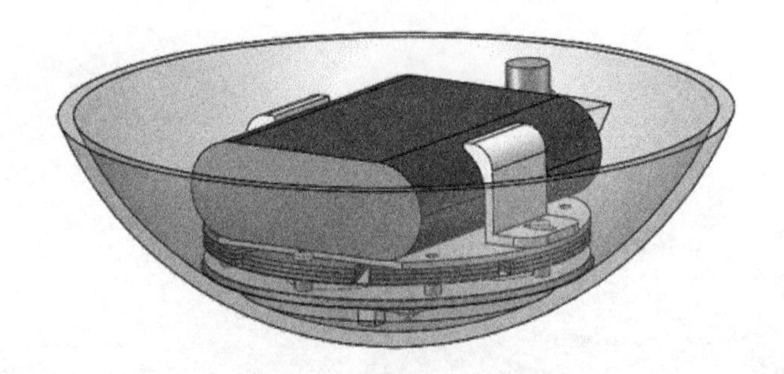

（b）150mm 机器人电池安装图

图 4.14 机器人电池安装图

5. 机器人配重层小型化设计

机器人配重层主要包括机器人配重块及相应固定结构[6]。配重的目的是使机器人在不同密度的变压器油中拥有几乎相同的正浮力，保证其在垂直方向运动的灵活性。配重模块由 1 块固定配重块和若干薄配重片组成。固定配重块的作用是让机器人重力近似等于浮力，进而通过薄配重片进一步对浮力进行微调以配平，实现机器人精确配重。

为实现机器人配重结构小型化，节省所需空间，配重材料应选择大密度金属材料，水下机器人常用铅块作为配重材料。但考虑到该机器人结构紧凑，为保证配重配平精确、方便，每片薄配重片应尽量薄，以使其总量尽量小，因此配重材料应具有良好的加工性。最终选择具有高密度的紫铜作为配重材料，所加工薄配重片厚度为 1mm，配重块为实心结构，厚度为 5mm。配重块上加工有固定配重片所需的螺纹孔及穿导线用的沟槽。配重块、薄配重片结构如图 4.15 所示。配重在机器人内部布置情况如图 4.16 所示。

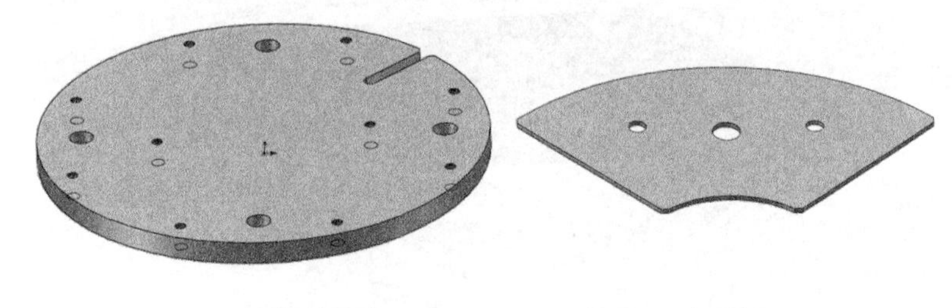

（a）配重块结构图　　（b）薄配重片结构图

图 4.15　配重结构图

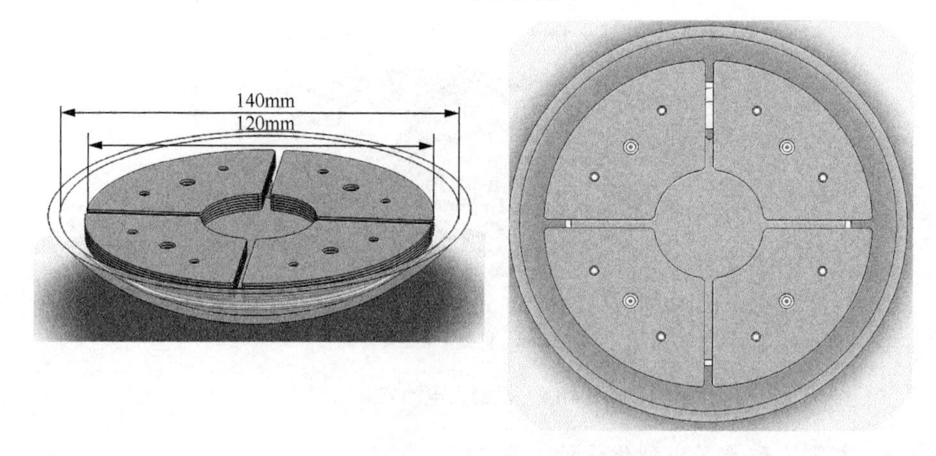

图 4.16　配重布置图

6. 密封结构

机器人上罩、下罩、激光扫描测距模块采用聚碳酸酯材料，具有耐热、抗冲击、阻燃等性能，同时该材料具有良好的耐变压器油腐蚀的特性[7-8]。机器人中环采用 6061 铝合金材料，耐变压器油腐蚀且有利于内部热量及时导出。上罩、下罩与中环之间采用 O 形圈密封结构，如图 4.17 所示，该密封方式结构简单、可靠性高，满足机器人密封性、紧凑性的设计要求。为优化机器人内部空间，喷射泵采用法兰安装方式，泵体直接与喷口、吸口相连，法兰端面间通过压紧 O 形圈实现密封，如图 4.18 所示。O 形圈材料选用耐油、耐高温的丁腈橡胶，该材料本身与变压器油不发生反应，稳定可靠[9]。

7. 机器人内部空间布置

两套机器人内部结构图如图 4.19 所示，分为上罩、中环和下罩部分。中环直径 190mm 机器人的顶部安装激光雷达扫描测距模块，可探测周围障碍物及估计机器人位置。机器人的上罩布置质量较轻的无线通信模块、核心控制板、垂直喷射泵；中环布置摄像机、LED 灯、水平喷射泵等；下罩布置质量较重的电源模块、姿态传感器、配重等。这种布置方法可降低机器人重心，保证机器人整体姿态在运动过程中的稳定性。中环直径 150mm 机器人受体积限制没有搭载激光扫描测距仪。

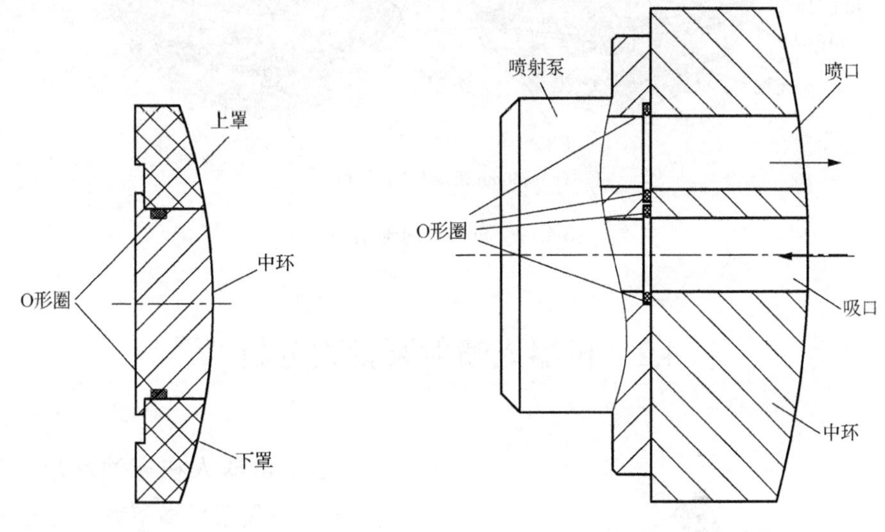

图 4.17 机器人密封结构

图 4.18 喷射泵密封结构

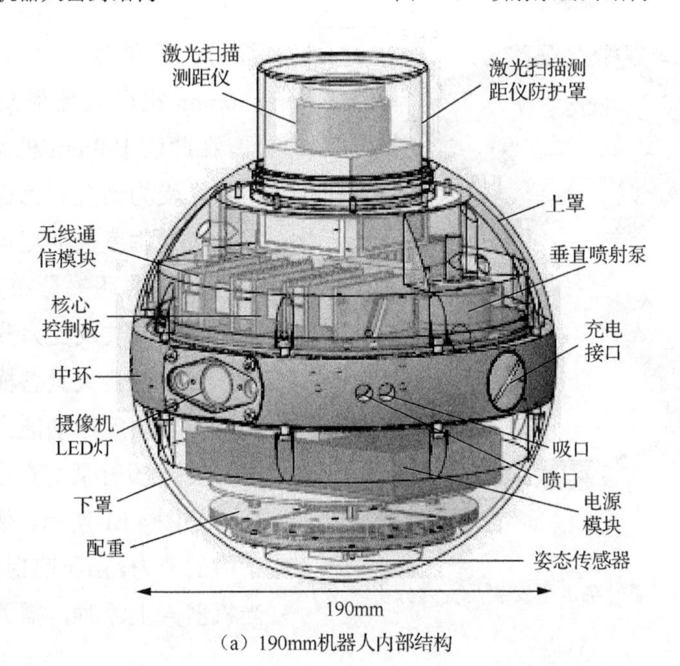

（a）190mm机器人内部结构

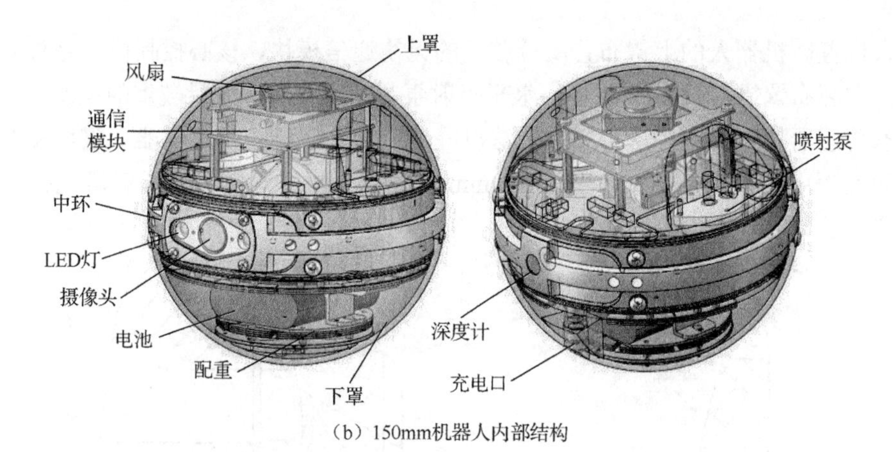

（b）150mm机器人内部结构

图 4.19　机器人内部结构

4.2　机器人喷射泵推力分析

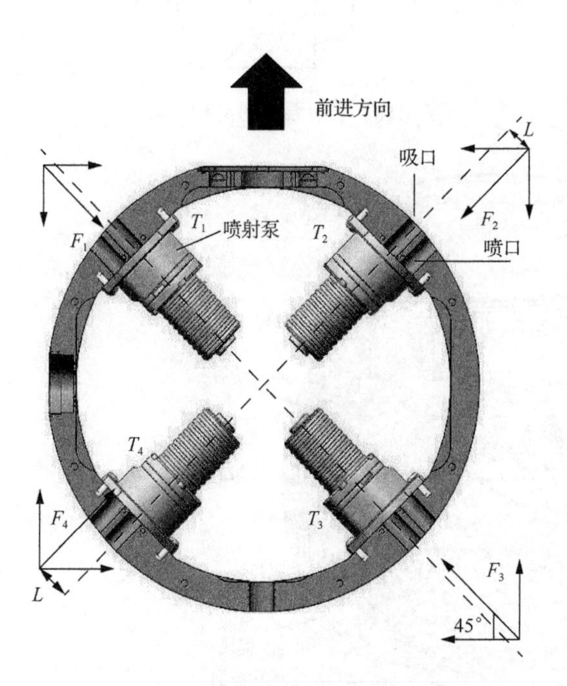

图 4.20　喷射泵水平安装及受力分析

由于机器人在充油环境下运动，推进系统采用微型喷射泵推进，该方式不会产生气泡，可保证变压器油的清洁性。由于 190mm 和 150mm 机器人喷射泵布置方式相同，在此以 190mm 机器人为例分析机器人受力情况。为保证机器人具有多个自由度灵活运动的能力，在机器人的中环矢量布置 4 个喷射泵，水平安装及受力分析如图 4.20 所示，使机器人具备横移、侧移、旋转三自由度运动能力；垂直方向布置 2 个喷射泵，垂直安装及受力分析如图 4.21 所示，使机器人具备下潜的能力，由于喷射泵不能反转，当机器人上浮时，需关闭喷射泵，机器人依靠正浮力上浮。

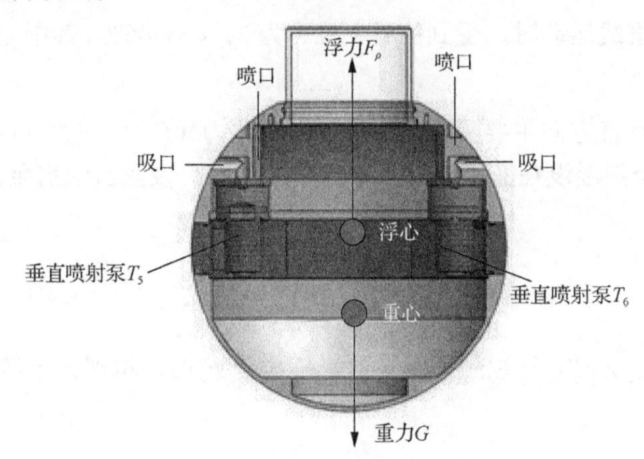

图 4.21 喷射泵垂直安装及受力分析

由于机器人外形结构采用球形设计，机器人前后、左右都是轴对称的，同时机器人水平喷射泵呈矢量布置，因此机器人在横移、侧移所受到的阻力和推力大小相同。以机器人前进运动所受的力为例说明机器人所受喷射泵的推力，当喷射泵 T_3 与 T_4 喷射时，其反作用力 F_3 与 F_4 的合力使机器人前进，机器人受到前进的推力 F_f 为[10]

$$F_f=(F_3+F_4)\cos45°=\frac{\sqrt{2}}{2}(F_3+F_4) \tag{4.1}$$

由于机器人外形结构采用球形设计，机器人逆时针旋转与顺时针旋转所受的力大小相等、方向相反。喷射泵 T_2 与 T_4 产生的合力矩使机器人顺时针旋转，合力矩大小可表示为[11]

$$M_c=(F_2+F_4)\times L \tag{4.2}$$

由机器人的对称性可知，任意时刻机器人受到的喷射泵推力状态写成矩阵的形式可表示为

$$\begin{aligned}F=\begin{bmatrix}F_f\\F_b\end{bmatrix}&=\begin{bmatrix}\cos45° & 1\\1 & \cos45°\end{bmatrix}\\&\times\begin{bmatrix}-1 & -1 & 1 & 1\\1 & -1 & -1 & 1\end{bmatrix}\times\begin{bmatrix}F_1 & F_2 & F_3 & F_4\end{bmatrix}^{\mathrm{T}}\end{aligned} \tag{4.3}$$

$$M=\begin{bmatrix}M_c\\M_a\end{bmatrix}=\begin{bmatrix}F_2+F_4\\F_1+F_3\end{bmatrix}\times\begin{bmatrix}L\\L\end{bmatrix} \tag{4.4}$$

式中，F 表示机器人水平方向直线运动推力；M 表示机器人水平方向转动力矩。当机器人沿着直线运动时，受到的最大推力为$2f \times \cos 45°$，其中f为单个喷射泵输出的最大推力。

机器人在垂直方向主要受到喷射泵推力、浮力（F_ρ）、重力（G）及水动力作用。当机器人全部浸没在变压器油中时，其正浮力F_z及垂直喷射泵的推力F_v可表示为

$$F_z = F_\rho - G \tag{4.5}$$

$$F_v = F_5 + F_6 \tag{4.6}$$

当喷射泵T_5与T_6产生的推力之合力F_v大于F_z时，机器人下潜。反之，则机器人上浮。

4.3 机器人流体动力学分析

流体动力学计算分析是水下机器人推进装置选型的必要前提[12]。机器人工作原理与水下机器人相似，流体动力学分析是变压器机器人喷射泵选型的重要依据。机器人开展流体动力学计算的目的：确定机器人在预定工作速度下的流体阻力，以此为输入条件进行推进系统设计及选型；分析机器人在工作状态下周围流场特性，为机器人的流线型设计提供理论依据。

目前通常使用流体力学软件Ansys Fluent进行水下机器人流体动力学的计算，其优点是计算效率高、精度高，能够比较真实地模拟实际流动，尤其针对目前理论计算结果不理想的模型具有很好的计算效果[13]。利用Ansys Fluent软件分析机器人在变压器油中的流体动力学特性，分析过程如图4.22所示。

机器人在工作状态下周围流场流速如图4.23所示。从仿真结果可以看出，流体在机器人尾部出现了旋涡现象，机器人前后形成压差。同时仿真分析还得到了机器人运动过程中所受变压器油的流体阻力，结果如表4.1所示。由表4.1可知，190mm机器人受到的流体阻力为0.233N，其中压差阻力为0.165N，黏性阻力为0.068N；150mm机器人受到的流体阻力为0.145N，其中压差阻力为0.122N，黏性阻力为0.023N。

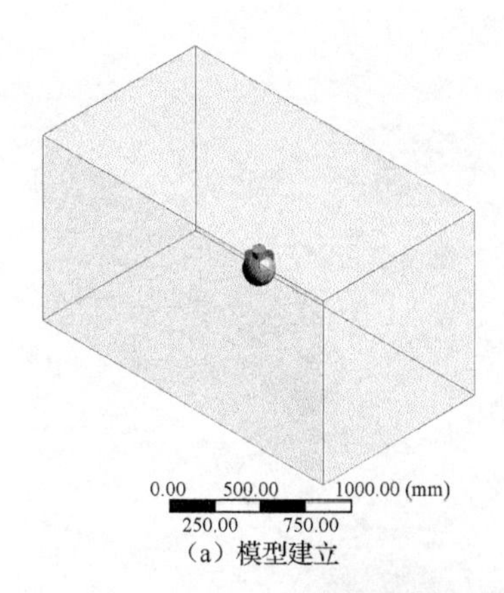

（a）模型建立

（b）网格划分

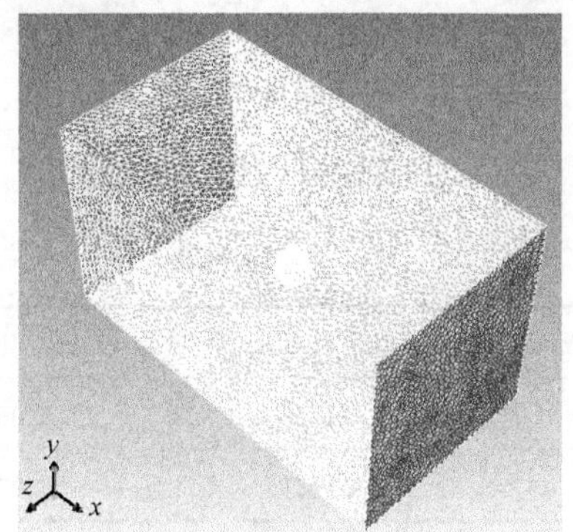

（c）边界条件定义

图 4.22 流体动力学仿真

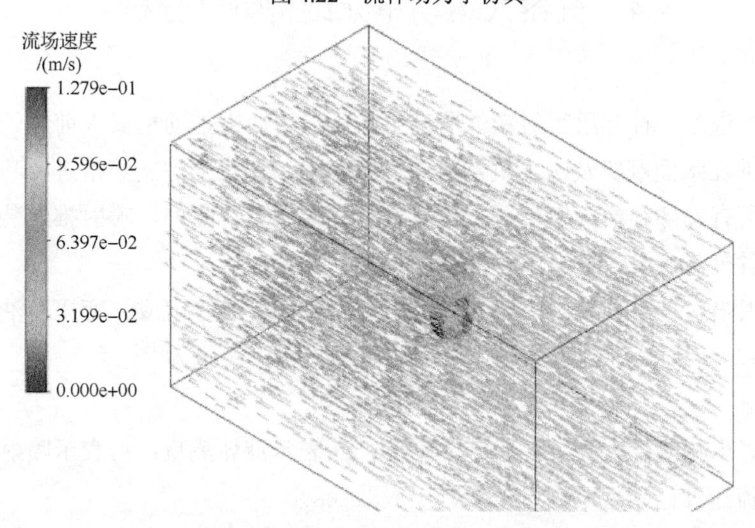

（a）150mm机器人流场流速图

（b）190mm机器人流场流速图

图 4.23 机器人周围流场流速图

表 4.1 阻力表

	运动速度/(m/s)	压差阻力/N	黏性阻力/N	总阻力/N
190mm 机器人	0.15	0.165	0.068	0.233
150mm 机器人	0.15	0.122	0.023	0.145

4.4 机器人运动单元结构特性分析

喷射推进是一种利用喷射液体所产生的反作用力来推动机器人前进的推进技术[14]。目前在水面舰艇及水下机器人中均有应用，相比于螺旋桨推进，喷射推进可以省略所有外部结构，避免了工作时被缠绕的风险。此外，喷射推进装置无须槽道，节省机器人内部空间。

机器人喷射推进装置由喷射泵、吸口、喷口、管路等组成。变压器油经过管路、喷口和吸口时存在能量损失，喷射泵推力方程可表示为[15]

$$T_e = \eta\rho Q(V_j - V_o) \tag{4.7}$$

式中，T_e 表示喷射推力；ρ 表示液体密度；Q 表示液体流量；V_j 表示喷射速度；V_o 表示来流速度；η 表示推进效率，一般取 0.8。

假设变压器油吸口和喷口满足连续性方程：

$$V_o A_o = V_j A_j = Q \tag{4.8}$$

式中，A_o 表示吸口面积；A_j 表示喷口面积。

根据喷射泵推力计算公式［式（4.7）和式（4.8）］可知，喷射泵产生的推力与液体流量和喷口的直径有关。对某喷射泵系列中的 4 款产品，依据其喷射泵压力-流量特性，得出喷射推进泵选型图谱，如图 4.24 所示，给出了喷射泵推力与喷口直径之间的关系。

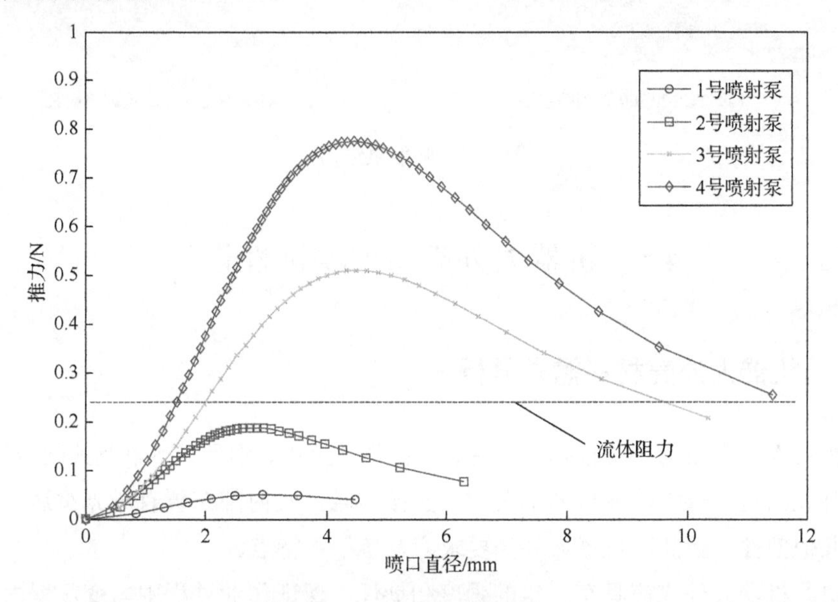

图 4.24 喷射推进泵选型图谱

以 190mm 机器人为例，从选型图谱可以看出，为保证喷射泵能够产生足够的推力，需在图中虚线上方区域进行喷射泵选型及喷口直径尺寸选取。综合考虑推力裕量及喷射泵尺寸，选取 3 号喷射泵为机器人水平推进动力源，并设计喷口直径为 4mm。此时理论最大输出推力为 0.5N，大于机器人以 0.15m/s 运动速度下的流体阻力 0.233N，保证了机器人运动要求，并留有了一定的动力裕量。该泵型号为 TCS-M500，其外形结构如图 4.25（a）所示。以同样的设计方法对 150mm 机器人喷射泵进行选型，所选喷射泵外形结构如图 4.25（b）所示。

（a）TCS-M500 系列喷射泵

（b）TCS-M400 系列喷射泵

图 4.25　喷射泵结构

4.5　机器人外壳耐油腐蚀性设计

4.5.1　机器人外壳材料需求分析

机器人外壳结构主要包括激光雷达防护罩、上罩、中环、下罩及其固定件等。由于外壳结构各部件与变压器油及空气直接接触，且内部布置有激光雷达、深度计等其他部件，因此，机器人外壳要求应具备如下特点。

（1）机器人外壳应具有一定的强度和韧性，保证作业过程中与变压器内部构件碰撞不会引起破裂或变形。

（2）机器人外壳结构应具有极佳的耐油腐蚀性，不会因在变压器油中长期浸泡而影响其使用性能。

（3）机器人外壳材料密度不宜过大，应在保证其使用性能的前提下尽量选取密度较小的材料，提高机器人重量利用率。

（4）由于机器人采用无线数据传输方式进行通信及视频传输，因此机器人外壳应保证电磁波信号的有效传输，不能由于壳体造成信号屏蔽或减弱，影响机器人正常通信。

（5）由于机器人内部存在通信模块、摄像机、LED 灯等发热量较大的元器件，机器人外壳材料选择应保证机器人内部热量及时散出，避免内部温度过高导致元器件损坏。

根据上述设计需求，确定机器人中环选用金属材料，激光雷达防护罩、上罩及下罩选用工程塑料制造。将发热量大的元器件尽量布置在中环附近，将通信天线布置在上罩中，既能保证机器人内部热量及时散出，同时也保证了机器人无线通信信号不受机器人外壳干扰。

4.5.2 常见工业非金属材料种类及优缺点

考虑到机器人工作环境特殊，对其非金属外壳材料选型应综合考虑材料力学特性、物理特性及化学特性。常用工业非金属材料类型及其优缺点如下。

（1）聚碳酸酯（polycarbonate，PC）[16]。

优点：不易受温度影响，温度使用范围-100～20℃，抗冲击强度突出。聚碳酸酯耐弱酸、耐弱碱、耐中性油、耐腐蚀，并且耐磨性良好[16]。

缺点：易受某些有机溶剂侵蚀，耐水解稳定性不够高，耐刮痕性差，耐化学用品性差。

（2）有机玻璃（polymethyl methacrylate，PMMA）[17]。

优点：易于机械加工，耐油腐蚀性、热性较好，热变形温度可达96℃，电学性能优异，物理性能良好。热导率和比热容分别为 0.19W/mK 和 1464J/(kg·K)。化学性能稳定，可耐碱类、盐类和油脂类，耐脂肪烃类，不溶于水、甲醇、甘油等[17]。

缺点：有机玻璃会吸收醇类后膨胀，并发生应力开裂，不耐酮类、氯代烃和芳烃，可溶解于氯代烃和芳烃。

（3）聚苯乙烯（polystyrene，PS）[18]。

优点：具有一定的力学强度，化学及电学性能稳定，透光性好，易于加工成型，耐水性极佳。

缺点：脆性大，受内应力容易碎裂，不耐高温，最高使用温度70℃左右。

（4）丙烯腈-丁二烯-苯乙烯共聚物（acrylonitrile butadiene styrene copolymers，ABS）[19]。

优点：强度高、密度低、抗酸碱盐腐蚀性强，化学和电学稳定性良好，不溶于大部分醇类和烃类溶剂。

缺点：不透明，易溶于醛、酮、酯和某些氯化烃。

4.5.3 机器人外壳材料选型

1. 机器人上罩、下罩、激光雷达防护罩材料选型

综合考虑机器人特殊工作环境及常用非金属材料性能，选用聚碳酸酯作为机器人上罩、下罩制造材料，同时考虑到激光雷达防护罩要求透光度高，而聚碳酸酯材料存在抛光性能差、抛光后透光度差的缺点，确定采用有机玻璃作为激光雷达防护罩制造材料。加工后各非金属件实物图如图 4.26 和图 4.27 所示。

图 4.26 有机玻璃激光雷达防护罩

（a）190mm 机器人上罩

（b）190mm 机器人下罩

（c）150mm 机器人上罩

（d）150mm 机器人下罩

图 4.27　聚碳酸酯材料的机器人上罩、下罩图

2. 中环材料选型

两套机器人中环均采用金属材料制造。机器人中环需与变压器油及空气长期接触，因此必须考虑材料的耐油腐蚀性。此外，为减轻机器人外壳重量，金属材料的密度也必须予以考虑。综合上述因素，机器人中环选用铝合金材料制造，牌号为 6061。此外为增加机器人耐油腐蚀性，对铝合金外壳在制造工艺上采取了阳极化处理[20]。除此之外，机器人中与变压器油及空气接触的标准件，其材料均使用不锈钢，进一步保证机器人整体的耐油腐蚀性，提高机器人外壳材料的使用性能和寿命。中环加工后实物图如图 4.28 所示。

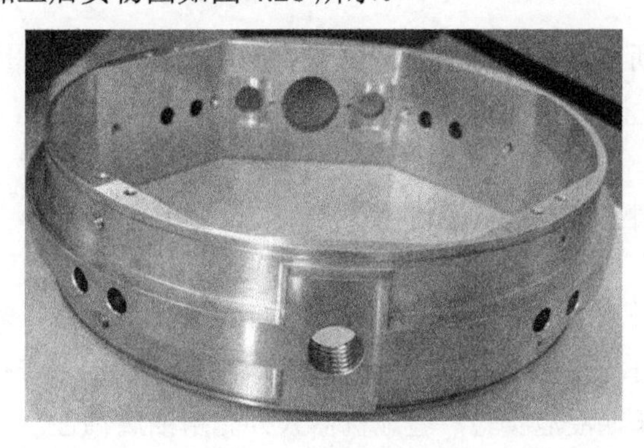

（a）190mm 机器人中环

（b）150mm 机器人中环

图 4.28　铝合金中环图

3. 喷射泵耐油腐蚀性分析

机器人喷射泵长期与变压器油及空气接触，因此喷射泵耐油腐蚀性是其选型的必要依据。结合机器人所需喷射泵性能指标参数及结构尺寸要求，通过对各类型喷射泵进行大量筛选，最终确定使用英国 TCS 公司生产的微型离心泵作为机器人喷射泵。该离心泵主要性能特点包括：喷射泵与液体接触材料均为耐油防腐材料，包括铝合金、不锈钢、橡胶、聚醚树脂等；喷射泵由无刷电机驱动，电机驱动离心泵旋转工作，离心泵叶片材料为食品级不锈钢；喷射泵本身具有 IP67 的防护等级。

根据喷射泵所使用的材料可知，TCS 公司生产的喷射泵具有良好的耐油腐蚀性。

4.5.4　机器人外壳耐油腐蚀性实验

利用上述材料加工制造机器人各外壳部件，并进行装配，装配后机器人样机外形如图 4.29 所示。将装配好的机器人样机放入变压器油中进行多种运动性能实验，同时也通过长期浸泡实验，验证机器人外壳耐油腐蚀性。

图 4.29　190mm 机器人样机外形图

在项目执行期间，机器人样机在变压器油中进行了反复测试，机器人外壳耐油腐蚀性得到了很好的验证。机器人外壳并未出现老化、油脂侵蚀、内应力开裂等现象，材料稳定性在变压器油中得以验证；同时外壳其他金属材料也并未出现锈蚀、渗油等现象，材料性能可靠。半年内，将机器人反复放在变压器油中做实验，机器人外壳耐油腐蚀性得到验证。

4.6 小　　结

油浸式变压器内部空间狭窄且结构复杂，因此设计合理的机器人机械结构尤为关键。本章根据机器人工况及设计要求，首先确定了机器人整体外形尺寸及内部空间，并以分层次设计理念合理设计了机器人内部结构，详细阐述了机器人内部结构的设计步骤和关键设备选型方法。在机器人机械结构设计的基础上，完成了机器人流体力学计算，得到了机器人在变压器油中运动时的黏性阻力，为机器人喷射泵的选型奠定了基础。运用喷射推进理论，结合选取的喷射泵，绘制了喷射泵选型设计图谱，完成了机器人喷射泵的初步选型。最后，由于机器人长期工作于变压器油中，分析了机器人常用材料的耐油腐蚀性，确定了机器人外壳的使用材料。

参 考 文 献

[1] Sofian D M, Wang Z D, Li J. Interpretation of transformer FRA responses—Part II: Influence of transformer structure[J]. IEEE Transactions on Power Delivery, 2010, 25(4):2582-2589.

[2] Komeza K, Welfle H, Wiak S. Transient states analysis of 3D transformer structure[J]. COMPEL-The International Journal for Computation and Mathematics in Electrical and Electronic Engineering, 1998, 17(2):252-256.

[3] Li Y X, Guo S X, Yue C F. Preliminary concept of a novel spherical underwater robot[J]. International Journal of Mechatronics and Automation, 2015, 5(1): 11-21.

[4] 兰晓娟. 一种新型水下球形机器人的若干关键技术研究[D]. 北京：北京邮电大学, 2011: 40-46.

[5] Ma L, Sun H X, Lan X J. Dynamic response and damage assessment of spherical robot GFRP spherical shell under low velocity impact[J]. Materials Testing, 2020, 62(7):703-715.

[6] Tran N H, Chau T H. Study on analysis and design of a VIAM-AUV2000 autonomous underwater vehicle (AUV)[J]. Science & Technology Development Journal-Engineering and Technology, 2019, 3(1): 57-70.

[7] Jaber A M Y, Mehanna N A, Oweimreen G A, et al. The effect of DBDS, DBPC, BTA and DBP combinations on the corrosion of copper immersed in mineral transformer oil[J]. IEEE Transactions on Dielectrics & Electrical Insulation, 2016, 23(4):1-7.

[8] 张笑笑. 聚碳酸酯复合材料电学和力学性能的研究[D]. 北京：北京化工大学, 2013: 18-25.

[9] Krzemińska S, Rzymski W M, Malesa M, et al. Gloves against mineral oils and mechanical hazards: Composites of carboxylated acrylonitrile-butadiene rubber latex[J]. International Journal of Occupational Safety and Ergonomics, 2016, 22(3): 350-359.

[10] 冯迎宾，于洋，高宏伟，等. 浮游式电力变压器内部巡检机器人[J]. 机械工程学报，2020, 56(7): 52-59.

[11] 冯迎宾，赵小虎，何震，等. 油浸式变压器内部检测球形机器人的深度悬停控制研究[J]. 控制与决策, 2020, 35(2): 375-381.

[12] Tang S L, Ura T, Nakatani T, et al. Estimation of the hydrodynamic coefficients of the complex-shaped autonomous underwater vehicle TUNA-SAND[J]. Journal of Marine Science and Technology, 2009, 14(3):373-386.

[13] Gao T, Wang Y, Pang Y, et al. Hull shape optimization for autonomous underwater vehicles using CFD[J]. Engineering Applications of Computational Fluid Mechanics, 2016, 10(1): 599-607.

[14] Dong Y X, Duan X J, Feng S S, et al. Numerical simulation of the overall flow field for underwater vehicle with pump jet thruster[J]. Procedia Engineering, 2012, 31: 769-774.

[15] Wang C, Lin Y, Geng L B, et al. A study on the hydrodynamic characteristics of a synthetic jet propelled underwater vehicle[J]. Journal of Ship Production and Design, 2019, 35(2):115-125.

[16] Aden M, Roesner A, Olowinsky A. Optical characterization of polycarbonate: Influence of additives on optical properties[J]. Journal of Polymer Science Part B: Polymer Physics, 2010, 48(4): 451-455.

[17] 陈国华, 吴翠玲, 吴大军, 等. 聚甲基丙烯酸甲酯/石墨薄片纳米复合及其导电性能研究[J]. 高分子学报, 2003, 1(5): 742-745.

[18] Zhu J, Morgan A B, Lamelas F J, et al. Fire properties of polystyrene-clay nanocomposites[J]. Chemistry of Materials, 2001, 13(10): 3774-3780.

[19] Li Y J, Shimizu H. Improvement in toughness of poly (l-lactide)(PLLA) through reactive blending with acrylonitrile-butadiene-styrene copolymer (ABS): Morphology and properties[J]. European Polymer Journal, 2009, 45(3): 738-746.

[20] 黄燕滨, 仪忠源, 卢天虎, 等. 硫酸铈改性磷酸-硫酸铝合金阳极氧化膜耐腐蚀性研究[J]. 电镀与涂饰, 2014, 33(16): 681-684.

5 机器人控制系统设计

由于机器人需要在变压器内部不断巡检，带电缆运动会使机器人在变压器内部发生缠绕，因此机器人不能使用电缆传输控制信号及电能。机器人在变压器内部采用无线通信方案，使机器人具备运动灵活、便于操控等优势。机器人控制系统主要包括控制系统硬件、控制系统软件两部分。控制系统硬件主要包括载体控制系统硬件和操作控制终端硬件。控制系统软件包括载体控制系统软件和操作控制终端软件。

5.1 载体控制系统硬件设计

载体控制系统主要功能可归纳为以下几点。

（1）接收操作控制终端发送的控制命令，控制机器人喷射泵喷射速度，从而控制机器人运动方向及速度。

（2）采集电池工作电压、深度传感器数据、姿态传感器数据，并对数据进行处理，通过数字图传模块发送到操作控制终端。

（3）机器人视频模块观测变压器内部故障点，通过数字图传模块将视频信息发送到操作控制终端。

（4）激光雷达通过激光测量机器人与变压器内壁及绕组的距离，为机器人避障及定位提供数据。

载体控制系统硬件部分主要包括：核心控制板、电源管理板、电压传感器、姿态传感器、数字图传模块、激光雷达、摄像机、深度计、锂电池、LED 灯、陀螺仪等。

5.1.1 核心控制板

核心控制板处理器采用 MSP430F247 模块，该模块具有功耗低、接口丰富的特点，控制板对外接口主要包括：6 路模拟量 0～5V 输出、2 路 RS232 通信模块、1 路 5V 电源输出、1 个模拟量输入、1 路 12V 输入端口、6 路 12V 输出端口[1]。6 路模拟量输出端口连接喷射泵驱动板，2 路 RS232 通信模块分别连接数字图传模块、姿态传感器，2 路 5V 电源输出分别为摄像机和 LED 灯供电，1 路模拟量输入连接深度计，6 路 12V 输出端口连接喷射泵驱动模块。核心控制板对外连接关系示意图如图 5.1 所示。

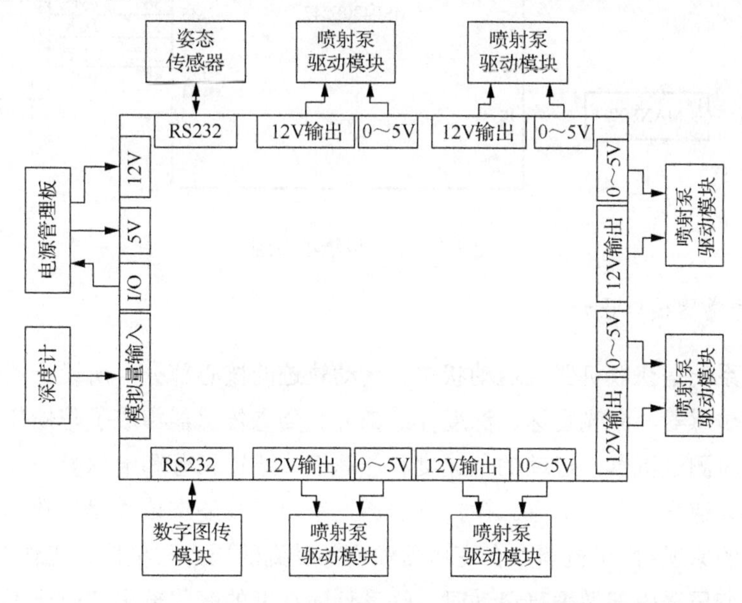

图 5.1　核心控制板对外连接关系示意图

控制板的主要功能：通过 RS232 通信接口与数字图传模块完成数据交互；根据解析的控制命令，调节 6 路模拟量输出电压，从而控制喷射泵的喷射速度，控制机器人运动；根据操作控制终端发送的控制指令，通过输入输出（input/output，I/O）口控制 LED 灯和摄像机的电源开关；接收姿态传感器数据，实时检测机器人运动的航向角；接收深度计数据，实时检测机器人在变压器内部的深度信息。

1. 处理器选型

机器人微控制器选用美国德州仪器公司生产的 MSP430F247，该芯片具有功耗低、16 位运算能力、指令集简单等特点，同时具有 2 路晶体管-晶体管逻辑（transistor-transistor logic，TTL）通信接口和 12 路模数转换器（analog to digital converter，ADC）通道。MSP430F247 支持的晶振频率为 12MHz，其最小系统如图 5.2 所示，主要包括联合测试行动小组（joint test action group，JTAG）调试接口、上电复位电路。

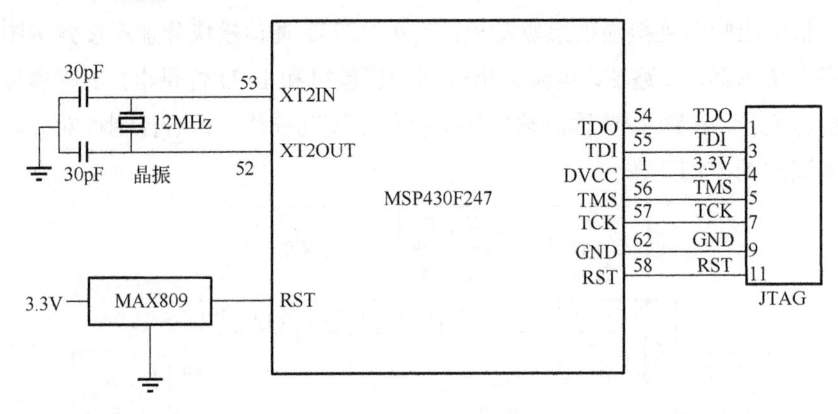

图 5.2　单片机最小系统

2. 传感器接口设计

定位系统是获取机器人运动状态、运动轨迹的核心部分，所设计的定位系统包括姿态传感器、激光雷达、深度计三部分。姿态传感器集成了陀螺仪和加速度计，可实时测量机器人运动的角速度和加速度，通过积分和卡尔曼滤波可获得实时的机器人速度和角度信息。微控制器通过串口接收姿态传感器的数据。深度计测量深度的原理：由于机器人在变压器油内部受到的压力与机器人工作深度有关，机器人在变压器内部做垂直运动时，深度计随深度的变化输出的电压不同，微控制器通过 ADC 采样通道测量电压值的变化，从而获取机器人的深度信息。

RS232 通信接口原理如图 5.3 所示，利用 MAX232 芯片将单片机 MSP430F247 处理器的 TTL 接口电平转换为 RS232 电平，实现与数据图传模块和姿态传感器数据的交互。深度计数据采集原理如图 5.4 所示，利用运算放大器 LM358 设计了电压跟随和电压信号缩小电路，使深度计输出的电压可通过单片机 P6.3 口采集。

3. 喷射泵驱动模块接口设计

由于喷射泵具有体积小、不产生气泡、工作干扰小的特点，机器人驱动系统采用喷射泵驱动装置。机器人驱动系统搭载了 6 路喷射泵，其中 4 路水平喷射泵及 2 路垂直喷射泵。机器人通过微控制器输出的脉冲宽度调制（pulse width modulation，PWM）波控制 TLC5620 芯片，使其输出 0～5V 模拟电压，从而控制喷射泵的旋转速度，其控制原理如图 5.5 所示[2]。

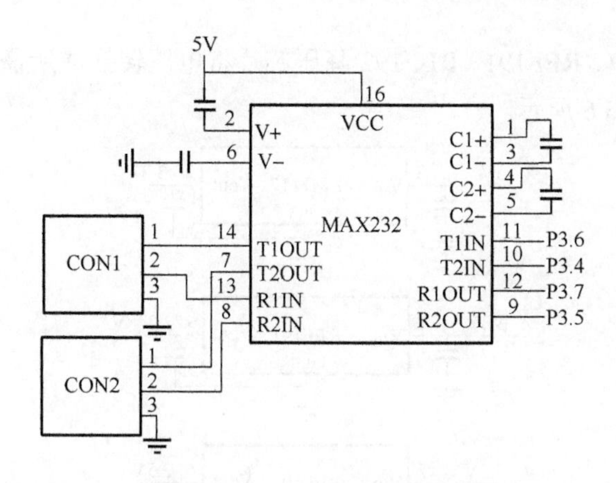

图 5.3　RS232 通信接口原理图

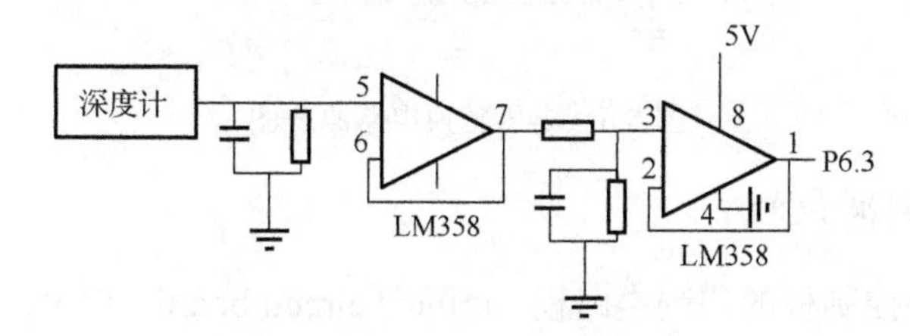

图 5.4　深度计数据采集原理图

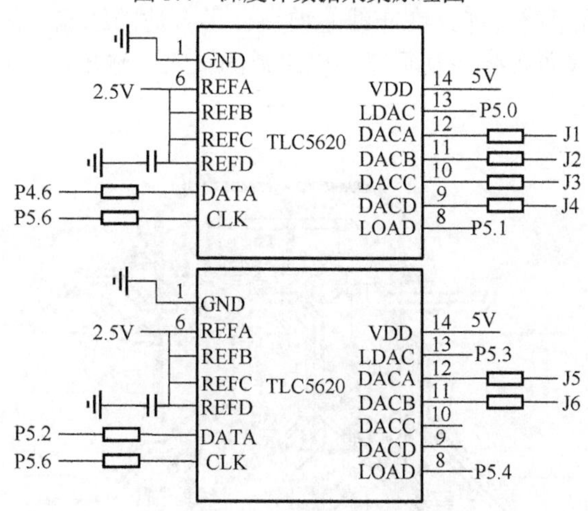

图 5.5　TLC5620 驱动原理图

4. 电源电路设计

机器人电路板为控制板提供了 12V、5V 电压输入，然而单片机电源电压、模数转换电路的参考电压和 TLC5620 的参考电压分别为 3.3V、2.048V 和 2.5V。因此需通过 LM1117、REF191、REF192 降压芯片将电压转换成所需电压。电压转换电路原理图如图 5.6 所示。

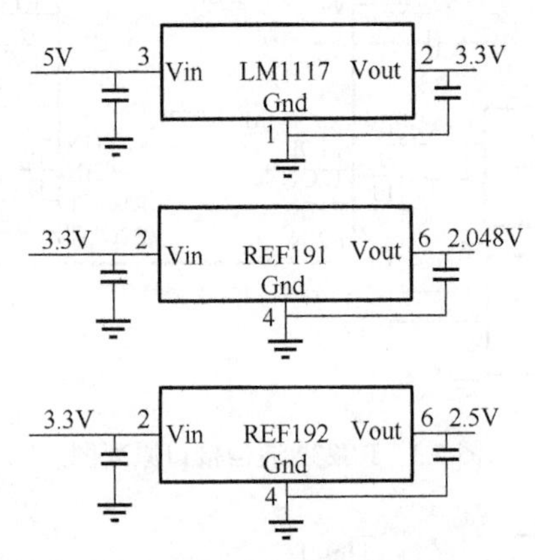

图 5.6 电压转换电路原理图

5. 核心控制板 PCB

机器人核心控制板的印制电路板（printed circuit board，PCB）如图 5.7 所示，PCB 外形依据变压器内部空间结构设计。PCB 采用上下双面布线方法，设计紧凑。为增强电路板的抗干扰性能，在布线之前设计了合适的线宽、间距、走线形式等参数，同时 PCB 双面布线相互垂直，电路板的输入、输出端的连线避免平行[2]。

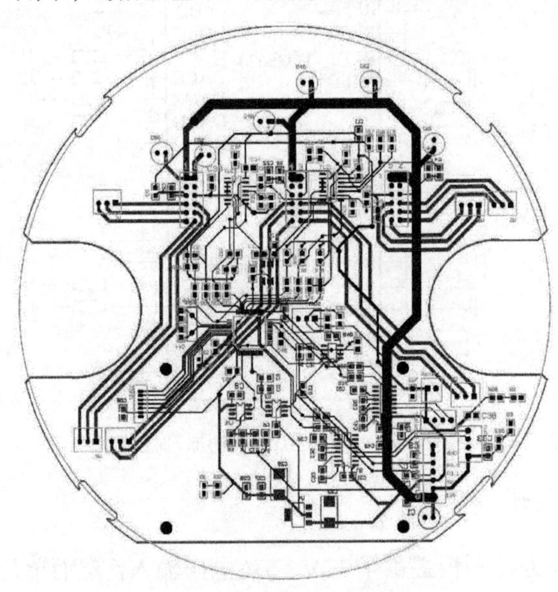

图 5.7 机器人核心控制板 PCB

5.1.2 电源管理板

为避免电缆在变压器内部发生缠绕，机器人自带电源，电源采用 12V 锂电池。为保证电池性能稳定输出，设计了功能完善的电池管理系统，该系统具有过压、过流保护功能。由于机器人工作于变压器油中，机器人结构采用完全封闭的形式。为方便机器人电源系统打开、闭合，设计了磁控电源开关。磁控电源开关使操控人员无须打开机器人外壳，直接通过磁铁就可以实现机器人电源的打开和闭合。机器人选用的锂电池电压为 12V，而喷射泵、单片机、摄像机等用电设备的工作电压分别为 12V、5V、3.3V 等，因此需设计完善的电源转换电路。

1. 电池管理系统

根据控制系统各模块功率可知，机器人控制系统最大工作电流小于 5A。当电流过大时，电池管理系统应具备自动断开电源输出的功能。查阅锂电池使用说明可知，其正常状态下输出电压范围为 10～14V。当输出电压过高时电池可能已经发生故障，当输出电压低于 10V 时机器人可能因供电不足而无法正常工作。因此，利用电池管理芯片 LM5069 设计了完善的电池管理系统。该芯片可通过外围电路选择的电阻来实现功率限制和电流限制功能，集成了宽电压输入、欠压保护、过压保护、故障输出等功能[3-4]。

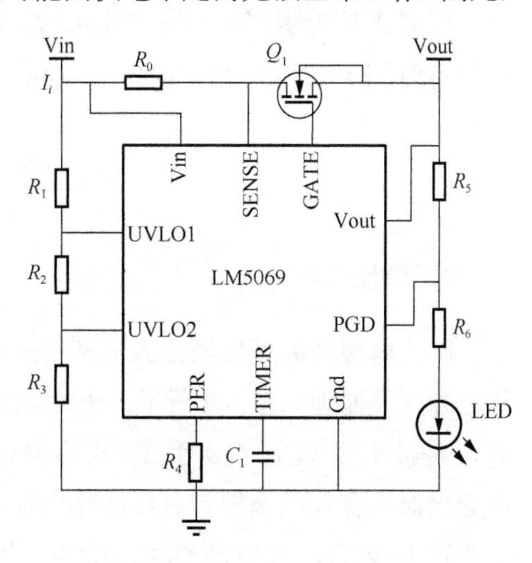

图 5.8 LM5069 芯片典型应用电路

LM5069 芯片的典型应用电路如图 5.8 所示。正常工作状态下，当输入电流 I_i 增加时，采样电阻 R_0 两端电压增加，当电压达到 55mV 时，晶闸管 Q_1 的栅极关闭，防止电流 I_i 进一步增大，从而保证电流恒定，实现电流限制功能。根据机器人控制系统需求，控制系统最大工作电流 I_{lim}=5A，那么采样电阻

$$R_0 = \frac{55\text{V}}{I_{\text{lim}}} = 11\text{m}\Omega \tag{5.1}$$

晶闸管 Q_1 选用美国 IR 公司的 IRF740PBF 场效应管，最大功率 140W，最大

漏源电压 600V，最大连续漏极电流 20A。

LM5069 芯片欠压、过压保护原理：当输入电压 Vin 大于 OVLO 阈值时或小于 UVLO 阈值时，GATE 引脚被 LM5069 芯片内部的 2mA 下拉电流拉低，使 Q_1 关闭。查询 LM5069 芯片的使用说明可知，过压、欠压分别与 2.5V 比较，已实现过压、欠压保护功能。欠压、过压保护电阻 R_1、R_2、R_3 可通过如下公式计算：

$$R_1 = \frac{V_{\text{UVH}} - V_{\text{UVL}}}{21\mu\text{A}} \tag{5.2}$$

$$R_3 = \frac{2.5\text{V} \times R_1 \times V_{\text{UVL}}}{V_{\text{OVH}} \times \left(V_{\text{UVL}} - 2.5\text{V}\right)} \tag{5.3}$$

$$R_2 = \frac{2.5\text{V} \times R_1}{V_{\text{OVL}} - 2.5\text{V}} - R_3 \tag{5.4}$$

式中，V_{UVH} 为欠压上限；V_{UVL} 为欠压下限；V_{OVH} 为过压上限；V_{OVL} 为过压下限。设置阈值如下：V_{UVH}=11V，V_{UVL}=10V，V_{OVH}=14V，V_{OVL}=13V，代入上述公式计算可得 R_1=47.6kΩ，R_2=4.6kΩ，R_3=11.3kΩ。

R_5 是上拉电阻，一般取 20kΩ，R_6 为限流电阻，取 4.3kΩ。C_1 为延时电容，当延迟时间 t=250ms 时，根据 LM5069 芯片手册可知，电容取值可用如下公式计算：

$$C_1 = \frac{t \times 5.5}{4} = 0.345\mu\text{F} \tag{5.5}$$

2. *磁控电源开关*

磁控电源开关可使操控人员利用磁铁完成对机器人电源的打开和闭合[5-6]。磁控电源开关原理如图 5.9 所示，开关由继电器、干簧管（K_1、K_2）、限流电阻（R_1、R_2）、滤波电容（C_1、C_2）组成。继电器选用 OMRON 公司的 G6CK2114C 继电器，该继电器具有双线圈控制、自锁等功能，最大电流 8A。当磁铁靠近干簧管 K_1 时，干簧管 K_1 闭合，继电器 G6CK2114C 的置位线圈 S 有电流通过，引脚 5、6 之间的开关闭合。当磁铁靠近干簧管 K_2 时，干簧管 K_2 闭合，继电器 G6CK2114C 的复位线圈 R 有电流通过，引脚 5、6 之间的开关断开。

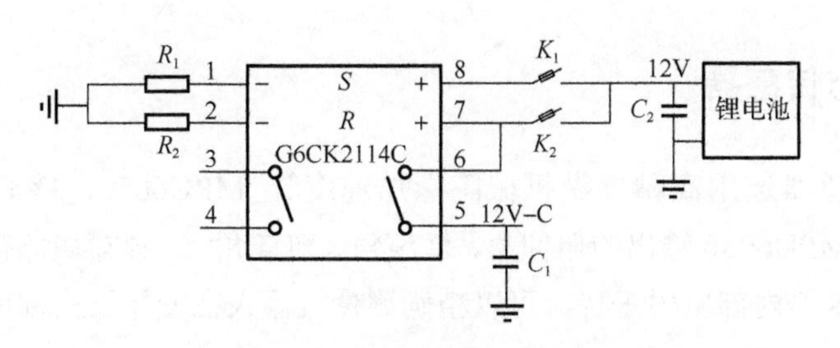

图 5.9　磁控电源开关原理图

3. 电源转换系统

机器人控制系统搭载的摄像机、LED 灯、数据通信模块、激光雷达等设备正常工作时的电压如表 5.1 所示。由表 5.1 可知，喷射泵、数据通信模块工作电压为 12V，锂电池可直接为它们供电。工作电压为 5V 的用电设备较多，采用大功率的降压稳压模块 STM05-12S05A 和 LM2576 芯片设计转换电路，电路原理图如图 5.10 所示。STM05-12S05A 为核心控制板、激光雷达提供电能，LM2576 为摄像机提供电能。

表 5.1　机器人控制系统不同设备工作电压

工作电压	用电设备
12V	喷射泵、数据通信模块
5V	激光雷达、摄像机、核心控制板
3.3V	LED 灯、陀螺仪

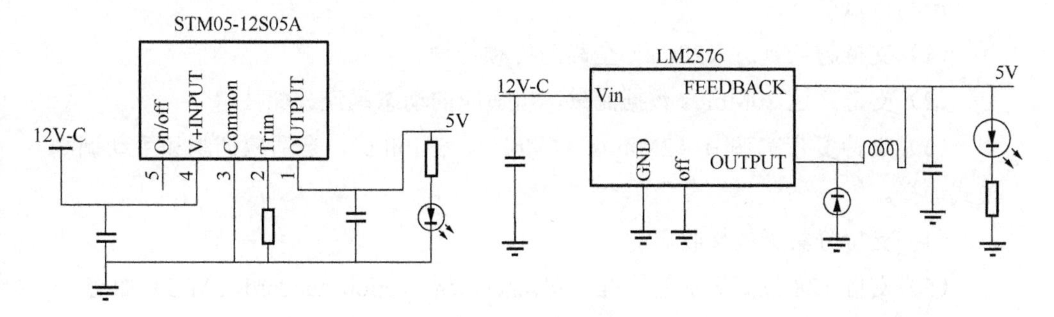

图 5.10　电源原理图

5.1.3 姿态传感器

姿态传感器选用高精度微机械陀螺加速度计 MPU6050，核心控制板通过 RS232 读取 MPU6050 输出的俯仰角、横滚角、航向角[7]。该模块测得航向角不受喷射泵及变压器内部电磁干扰，可以精确测量机器人在变压器内部的姿态。性能参数如下。

（1）电压：3～6V。电流：<10mA。

（2）尺寸：15.24mm×15.24mm×2mm。

（3）测量维度：加速度为 3 维，角速度为 3 维，姿态角为 3 维。

（4）量程：加速度±16g，角速度±2000°/s。

（5）分辨率：加速度为 0.000061g，角速度为 0.0076°/s。稳定性：加速度为 0.01g，角速度为 0.05°/s。

（6）姿态测量稳定度：0.01°。

（7）数据接口：RS232。波特率：115200bit/s 或 9600bit/s。

5.1.4 数字图传模块

数字图传模块采用 HN-550 模块，该模块为超低延时高清无线传输设备。将先进的时分处理技术和领先的编码正交频分复用调制技术相结合，提供了完整的双向加密的网络数据传输通道以及超低延时（20ms）的高清视频传输通道，可支持实时的高速移动数据、语音、图像传输。

产品特点如下。

（1）支持超低延时（20ms）全高清视频传输。

（2）支持高达 20Mbit/s 数据流量，自适应的动态码流分配技术。

（3）支持多带宽调节（2Mbit/s、4Mbit/s、8Mbit/s），自适应调制和手动调制模式选择。

（4）支持分集天线接收。

（5）支持 128 位高级加密标准（advanced encryption standard，AES）加密。

（6）支持透明的偏振模色散（polarization mode dispersion，PMD）网络技术。

（7）支持非视距（non line of sight，NLOS）高速移动传输。

（8）提供标准的 RS232、RS485、RJ45 接口和 HDMI 接口。

（9）高清晰的数字化面板显示，界面简洁操作简单。

（10）一体化设置，体积小、功耗低、重量轻。

5.1.5　激光雷达

激光雷达选用 HOKUYO 公司的 URG-04LX-UG01，该模块可用于机器人避障和定位，具备如下特点：高精度、高分辨率、宽视场设计给自主导航机器人提供了良好的环境识别能力；模块结构紧凑，节约安装空间，低重量、低功耗；模块不受强光影响，在黑暗中亦能工作[8-9]。模块在空气中精度较高，在变压器油内部不能直接使用。经算法修正后的测量数据才能用于机器人定位。该模块主要性能指标如下。

（1）直流电源：5V(1±5%)。

（2）激光光源：半导体激光二极管（λ=785nm），激光安全等级 1。测量距离：20～5600mm。

（3）测量精度：±30mm。

（4）角度分辨率：0.36°。

（5）扫描时间：100ms。

（6）噪声：小于 25dB。

（7）接口：USB2.0。

5.1.6　摄像机

摄像机类似于人的眼睛，是实现机器人变压器内部检测的关键传感器。摄像机选用 FOXEER 的 BOX 摄像机，该摄像机采用数字降噪技术，具有自动对焦功能，支持背光补偿，其主要性能指标如下。

（1）工作电压、功率：5V、5W。

（2）分辨率：1920×1080P。

（3）镜头视角：水平视场角93°，对角120°。

（4）最小照度：0.02lx。

（5）视频压缩标准：H.264。

（6）尺寸：38mm×38mm。

5.1.7 深度计

深度计选用 Gems3500 深度传感器，传感器应用于水下机器人中，根据压力测量水下机器人的工作水深。由于设计的机器人工作在变压器油中，变压器油与水的密度不同，因此在测量机器人工作深度时需乘以变压器油与水的密度比，对测量数据进行修正。深度计的主要参数如下。

（1）工作电压：10～30V。

（2）输出电压：0～5V。

（3）测量范围：0～10^5Pa（0～10m 水深）。

（4）精度：0.25%（2.5cm）。

（5）工作温度：0～125℃。

5.1.8 锂电池

机器人电源采用聚合物锂电池供电，具有较高的能量密度，在保证电池容量的基础上最小化电池体积，提高机器人内部空间利用率。电池主要性能参数如表 5.2 所示。

表 5.2 电池主要性能参数

电池指标	参数值
输出电压	12V
电池容量	8000mAh
持续放电电流	6A
瞬间放电电流	13A
结构尺寸	134mm×72mm×25mm
质量	485g
电池保护电路	有

5.2 载体控制系统软件设计

5.2.1 软件主要功能及特点

载体控制系统软件主要负责接收操作控制终端的控制命令，解析控制数据，从而控制机器人的移动方向和速度，通过数字图传模块返回机器人的状态数据和视频信息。为满足机器人作业需求，载体控制软件主要具有以下功能。

（1）接收操作控制指令。

机器人接收的操作控制指令主要包括：喷射泵旋转速度控制指令，机器人运动方向控制指令，摄像机与 LED 灯打开、关闭指令，机器人悬停定点观测指令等。机器人控制系统上电后，通过数字图传模块与操作控制终端建立了传输控制协议/互联网协议（transmission control protocol/internet protocol，TCP/IP）透明传输链路。链路建立后，系统通过中断方式接收操作控制终端发送的数据指令，并按照协议进行解析。

（2）机器人运动控制。

机器人根据设定的协议解析操作控制终端发送的控制指令。解析数据完成后，微控制器根据操作控制指令通过 I/O 口输出 PWM 波。TLC5620 芯片根据 PWM 波调节输出的模拟量电压，模拟量电压信号与喷射泵驱动板相连，从而实现对喷射泵运动速度的控制。

（3）传感器数据采集。

机器人搭载的传感器主要包括深度计、电压传感器、姿态传感器。深度计输出的电压信号通过模数（analog-to-digital，A/D）转换通道传输给微控制器；为实时监控电池状态，系统通过 A/D 转换通道将采集的电池电压传输到微控制器；姿态传感器与核心控制板通过 RS232 通信接口连接，核心控制板通过查询方式采集姿态传感器测量的航向角、倾斜角、纵倾角及三轴加速度等信息。

（4）数据发送。

机器人微控制器采集完传感器数据后，根据设定的协议将传感器数据打包，然后通过串联发送到操作控制终端。机器人向操作控制终端发送的数据主要包括：机器人航向角、俯仰角、横滚角、电池电压、工作深度等信息。

（5）辅助功能。

机器人微控制器除以上功能外，还具有摄像机和 LED 灯开闭、实时的无线通信检测、机器人故障检测等功能。

5.2.2　软件流程图

控制软件流程图如图 5.11 所示。

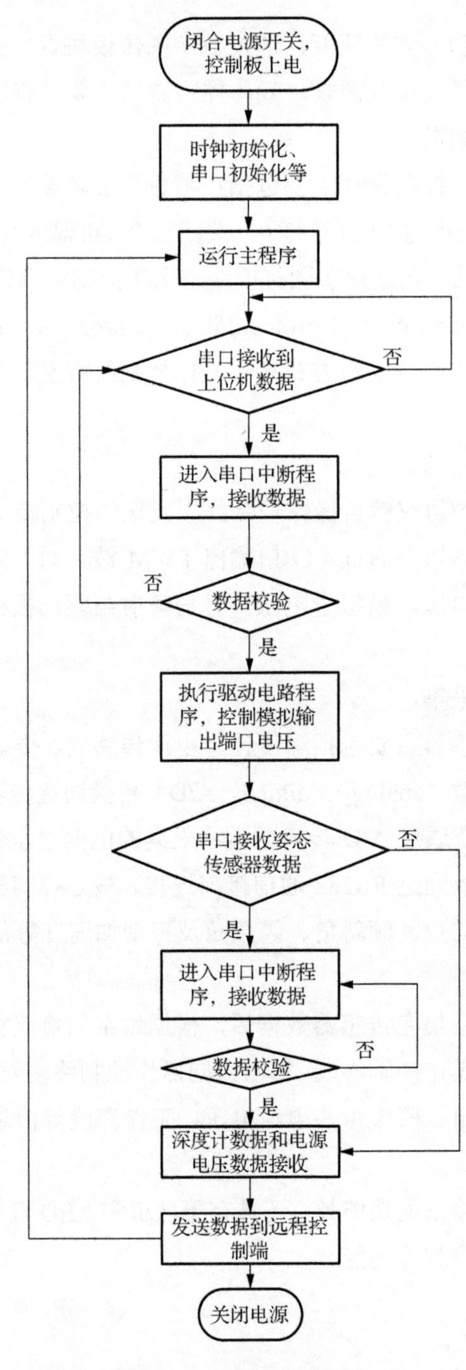

图 5.11　控制软件流程图

5.3 操作控制终端硬件设计

为方便操控机器人完成故障检测任务，作者所在研究团队设计了一台便携式操作控制终端，如图 5.12 所示。操作控制终端集成了高性能处理器、高亮度显示器、数字图传模块、高清视频采集卡、操纵单杆和按钮，使操作人员完成对机器人的操控。

图 5.12 操作控制终端设计图

操作控制终端主要集成设备如下。

（1）高性能处理器。

手持终端采用搭载 Core-i5 处理器的主板，速度快、能耗低，有效地完成机器人远程操控界面显示，提供持续、流畅的使用体验。

（2）高亮度显示器。

手持终端采用的显示器具有 1920×1200P 分辨率，最大限度保证了机器人摄像系统获取的图像在屏幕上无损地显示，供操作人员查看。高亮度输出能够有效保障设备在各种恶劣光线条件下正常使用，不受环境的限制。

（3）数字图传模块。

数字图传模块具有超低延时的特点，从机器人摄像机获取图像，至上位机显示器显示，延时仅为 150ms，保证了操作人员对机器人的正常操控。

（4）高清视频采集卡。

高清视频采集卡能够接收 1920×1080P 分辨率的 HDMI 视频输入，并在作者所在研究团队设计开发的上位机控制界面中显示，同时具备录像、照相与亮度、对比度调整等功能，方便操作人员操纵机器人以及保存录像以进一步分析变压器故障等。

（5）操纵单杆和按钮。

上位机通过操纵单杆与实体按钮完成控制信号的输入。软件在后台通过单独的线程采集控制输入，通过操纵单杆可控制机器人运动方向及速度，其他实体按钮可完成录像、截屏、定向和定深等功能，方便操作人员使用。

作者所在研究团队研制的操作控制终端搭载高密度锂电池，其续航时间满足机器人作业要求，使机器人室外作业更为高效便捷。在机器人完成作业后，通过控制软件可将保存的视频、图片与数据等筛选并导出，方便后期进一步处理。

5.4 操作控制终端软件设计

操作控制终端软件采集操控杆的信息，通过数字图传模块发送到机器人控制系统；同时接收机器人控制系统的运动姿态信息及摄像系统的图像信息，实现信息的实时显示、存储，方便操作人员操作机器人运动及检测变压器内部故障。操作控制终端控制软件采用 VC++编程，方便机器人控制及信息展示。

机器人操作控制终端软件是用户操作机器人的平台。操作控制终端软件运行于手持显控终端，通过数字图传模块与机器人相连，实现对机器人的控制。操作控制终端软件集成了以下主要功能。

（1）接收机器人控制系统上传的机器人姿态信息、视频信息、激光扫描测距数据。

（2）接收操控单杆操作命令，实时发送给机器人控制系统，控制机器人上升、下潜、前进、后退、左右移动。

（3）具备数据与视频的存储、显示、查询以及导出等功能。

（4）具备机器人运行状态判断能力，能及时识别机器人潜在的故障。

操作控制终端软件流程图如图 5.13 所示。该软件采用多线程技术实现，包括定时器数据发送线程、机器人运行状态数据处理线程、视频数据处理线程、激光雷达数据处理线程。定时器数据发送线程主要负责采集操控单杆和按钮开关的控制量，然后根据协议发送给机器人，定时器时间一般设置为 100ms。视频数据处理线程主要利用 HDMI 视频采集卡提供的数据处理函数完成视频数据的接收、显示和存储。机器人运行状态和激光雷达数据处理线程通过串口中断程序完成数据的接收。机器人运行状态主要包括航向角、横滚角、俯仰角、实时深度、锂电池电压等信息。将接收的数据叠加显示在视频界面，既不影响视频的查看，又能直观地看到具体数据，方便操作人员使用，如图 5.14 所示。

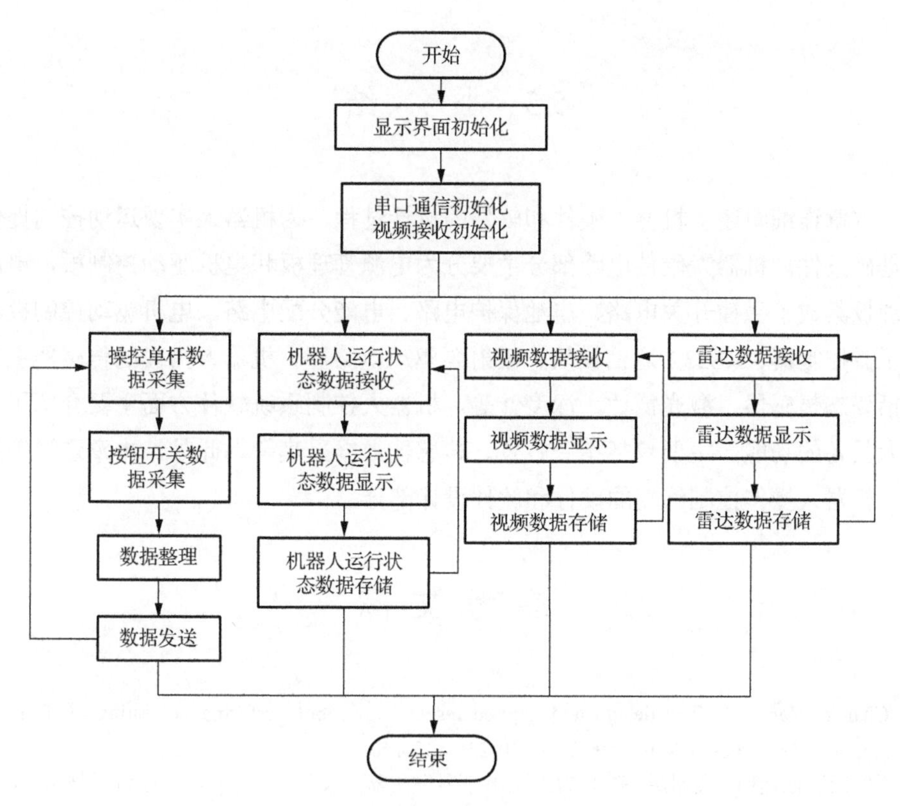

图 5.13 软件设计流程图

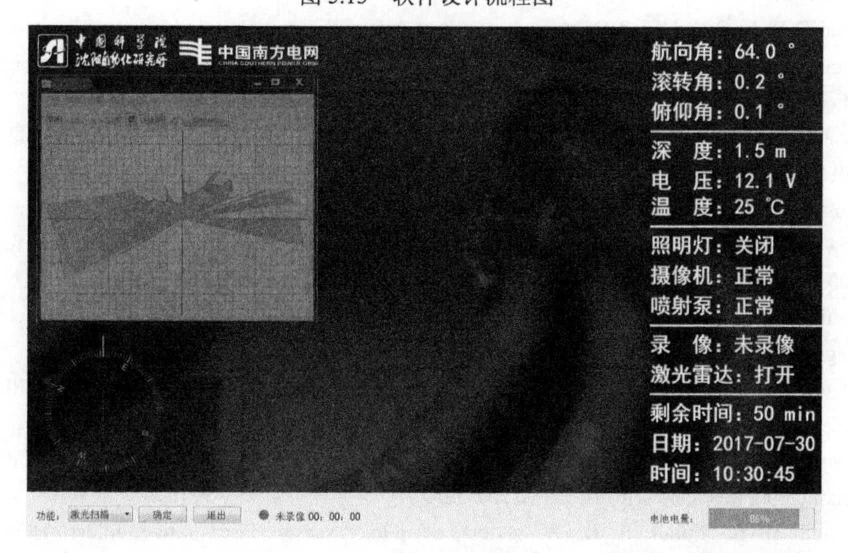

图 5.14 软件主界面

5.5 小　　结

本章详细阐述了机器人硬件和软件的设计过程，为机器人实现运动控制提供了基础条件。机器人硬件电路部分主要分为电源管理板和电机驱动控制板，电源管理板集成了磁控开关电路、电池保护电路、电能分配电路，电机驱动控制板集成了微控制器、RS232 通信模块、喷射泵驱动电路等。机器人搭载的传感器主要包括姿态传感器、激光雷达、深度计等。机器人控制系统软件方面主要介绍了机器人具备的功能，主要包括指令收发、传感器数据采集等。此外，本章还详细阐述了机器人操作控制终端的硬件和软件设计部分。

参 考 文 献

[1] Chai Y, Yan C L. The design and applied research of robot performance testing platform[J]. Applied Mechanics & Materials, 2010, 20(23): 135-140.

[2] 郑润娜, 胡建明, 侯丽娟. 基于 TLC5620 信号发生器的设计与实现[J]. 电子测量技术, 2009, 32(6): 102-104.

[3] Xiao D B, Li Q S, Hou Z Q, et al. A novel sandwich differential capacitive accelerometer with symmetrical double-sided serpentine beam-mass structure[J]. Journal of Micromechanics and Microengineering, 2015, 26(2): 25-35.

[4] 张志鹏, 韩崇伟, 杨刚, 等. 热插拔技术在现场可更换模块中的应用研究[J]. 兵工自动化, 2016, 35(6): 21-26.

[5] Nome F, Hariman G, Sheftelevich L. The challenge of pre-biased loads and the definition of a new operating mode for DC-DC converters[C]. IEEE Power Electronics Specialists Conference, 2007: 319-325.

[6] Arulselvi S, India I. Underwater robot control systems[J]. International Journal of Scientific Engineering and Technology, 2013, 2(4): 222-224.

[7] Zhang Y F, Li Hui, Zhao W. Investigation of acoustic injection on the MPU6050 accelerometer[J]. Sensors, 2019, 19(14):3083-3095.

[8] Krejsa J, Vechet S. The evaluation of HOKUYO URG-04LX-UG01 laser range finder data[J]. Engineering Mechanics, 2017, 32(3): 522-525.

[9] Khalid H B, Luhur S B. A review of photo sensor laser range finder HOKUYO URG-04LX-UG01 applications[J]. Advanced Materials Research, 2012, 488: 1398-1403.

6　机器人模型构建

机器人动力学模型和运动学模型是机器人智能控制算法设计的基础。水下机器人模型构建方法分为解析法和系统辨识法[1-2]。解析法是指基于水下机器人的物理结构、水动力分析、喷射泵布局与建模等要素，通过数学、物理等基本理论对系统解析产生数学模型的理论建模方法[3]。系统辨识法是利用系统的输入和输出数据直接推导系统模型的建模方法[4]。利用系统辨识法进行机器人动力学模型的构建需要进行大量的实验，实验结果对机器人建模的精确性影响较大。由于机器人外形结构为规则的球形，本章采用解析法构建机器人动力学模型。利用机器人的对称性对机器人动力学模型进行合理的简化。

6.1　机器人动力学分析

变压器油黏度较低，运动黏度小于 $9.6\times10^{-6}\mathrm{m^2/s}$，并且不可压缩，可称为理想流体，因此，可利用流体动力学理论构建机器人在变压器油内部的动力学模型。为了分析机器人动力学模型和运动学模型，首先建立机器人载体坐标系 $O\text{-}xyz$ 和地面坐标系 $E\text{-}\xi\zeta\eta$，如图 6.1 所示。载体坐标系 $O\text{-}xyz$ 的圆心 O 与机器人浮心重合，Ox 轴、Oy 轴和 Oz 轴固定于机器人载体，与机器人对称轴方向一致。地面坐标系 $E\text{-}\xi\zeta\eta$ 的原点可为变压器外部任意一点，E_ξ、E_ζ 和 E_η 指向机器人侧移、横移和垂直运动方向。

文献[5]、[6]利用牛顿-欧拉方程推导了水下机器人的六自由度非线性动力学方程。由此可知，机器人在变压器油内部的动力学模型可表示为

$$\left(M_{\mathrm{RB}}+M_A\right)\dot{V}+\left(C_{\mathrm{RB}}\left(V\right)+C_A\left(V\right)\right)V=i+G-D\left(V\right)V+W_e \tag{6.1}$$

式中，$V=\begin{bmatrix}u & v & w & p & q & r\end{bmatrix}^{\mathrm{T}}$，$u$、$v$、$w$、$p$、$q$、$r$ 分别表示机器人横移速度、侧移速度、升沉速度、横倾速度、纵倾速度、旋转速度；M_{RB} 表示机器人刚体质量矩阵；M_A 表示附加质量矩阵；$C_{\mathrm{RB}}(V)$表示科里奥利矩阵；$C_A(V)$表示附加质量科里

奥利矩阵；i 表示喷射泵产生的力和力矩；G 表示机器人重力和浮力；$D(V)$表示油动力阻尼矩阵；$W_e=\begin{bmatrix} W_u & W_v & W_w & W_p & W_q & W_r \end{bmatrix}^{\mathrm{T}}$ 表示外界干扰矢量。由于机器人在变压器内部运动，机器人受到的干扰主要来源于自身运动。

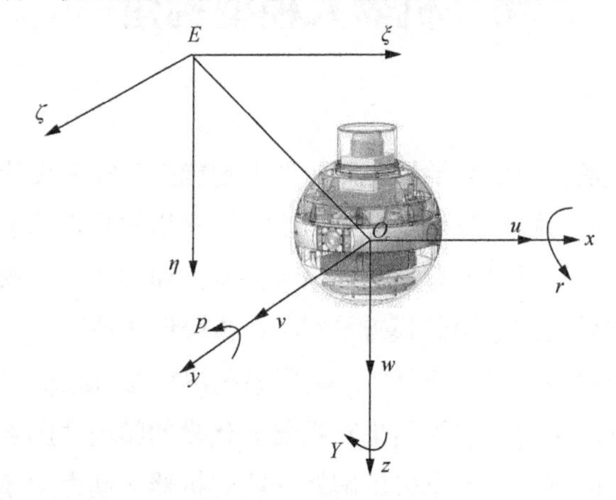

图 6.1　机器人坐标系

为简化机器人动力学模型，根据机器人的球形结构和设计指标，机器人符合下面的假设：

（1）机器人运动速度较低，即速度小于 0.1m/s。

（2）机器人重心和浮心位于机器人载体坐标系 Oz 轴，并且重心在机器人载体坐标系下可表示为$(0, 0, z_g)$。

（3）机器人质量分布均匀，并且由机器人的球形结构可知机器人分别关于 Oxz 平面、Oyz 平面和 Oxy 平面对称。因此，机器人惯性积 $I_{xy}=I_{yz}=I_{xz}$。

6.1.1　静力及其力矩

为获取机器人在变压器油中运动的姿态及轨迹，首先需要确定机器人的线加速度和角加速度，加速度由机器人受到的力和力矩决定。机器人在变压器油中运动时受到的力和力矩包括两部分：静力和力矩、流体动力和力矩。

静力和力矩可用式（6.2）表示[7]：

$$M_{\mathrm{RB}}\dot{v}+C_{\mathrm{RB}}(V)v=\tau_H \tag{6.2}$$

式中，M_{RB}、$C_{\mathrm{RB}}(V)$定义与式（6.1）相同；τ_H 包含机器人总流体动力和力矩，以及喷射泵产生的推力和力矩。由于机器人为球形，具有对称性，矩阵 M_{RB} 和矩阵

$C_{RB}(V)$可由机器人受到的重力和机器人的惯性特性来确定。机器人的刚体质量矩阵 M_{RB} 可表示为

$$M_{RB}=\begin{bmatrix} m & 0 & 0 & 0 & mz_g & 0 \\ 0 & m & 0 & -mz_g & 0 & mx_g \\ 0 & 0 & m & 0 & -mz_g & 0 \\ 0 & -mz_g & 0 & I_x & 0 & -I_{zx} \\ mz_g & 0 & -mx_g & 0 & -I_y & 0 \\ 0 & mx_g & 0 & -I_x & 0 & I_z \end{bmatrix} \tag{6.3}$$

式中，m 表示机器人质量；I_x、I_y、I_z、I_{zx} 表示转动惯量；x_g、z_g 分别表示重心在载体坐标系下的坐标。由假设（2）、假设（3）可知 $x_g=0$、$I_{xz}=0$，机器人惯性矩阵 M_{RB} 可表示为

$$M_{RB}=\begin{bmatrix} m & 0 & 0 & 0 & mz_g & 0 \\ 0 & m & 0 & -mz_g & 0 & 0 \\ 0 & 0 & m & 0 & 0 & 0 \\ 0 & -mz_g & 0 & I_x & 0 & 0 \\ mz_g & 0 & 0 & 0 & I_y & 0 \\ 0 & 0 & 0 & 0 & 0 & I_z \end{bmatrix} \tag{6.4}$$

物体运动所具有的惯性产生科里奥利力，将物体看作质点，在假设（1）、假设（2）和假设（3）成立的前提下，机器人科里奥利矩阵 $C_{RB}(V)$可简化为[8]

$$C_{RB}(V)=\begin{bmatrix} 0 & 0 & 0 & mz_g r & mw & -mv \\ 0 & 0 & 0 & -mw & mz_g r & mu \\ 0 & 0 & 0 & -m(z_g p-v) & -m(z_g q+u) & 0 \\ -mz_g r & mw & m(z_g p-v) & 0 & I_z r & -I_y q \\ -mw & -mz_g r & m(z_g q+u) & -I_z r & 0 & I_x p \\ mv & -mu & 0 & I_y q & -I_x p & 0 \end{bmatrix} \tag{6.5}$$

6.1.2 流体动力及其力矩

机器人在变压器油中受到的流体动力与机器人结构外形、运动特性和变压器油摩擦阻力及黏性压差阻力等相关。流体动力和力矩 τ_H 可表示为[9]

$$\tau_H=-M_A\dot{v}-C_A(V)v-D(V)v-g(\Theta)+\tau \tag{6.6}$$

式中，M_A 表示附加质量矩阵；$C_A(V)$表示附加质量科里奥利矩阵；$D(V)$表示流体动力矩阵；$g(\Theta)$表示恢复力和力矩；τ 表示控制量输入。

在假设（1）和假设（3）成立的前提下，机器人附加质量矩阵 M_A 非对角线元素可以被忽略，因此，矩阵 M_A 可写为

$$M_A = -\mathrm{diag}\left\{X_{\dot{u}}, Y_{\dot{v}}, Z_{\dot{w}}, K_{\dot{p}}, M_{\dot{q}}, N_{\dot{r}}\right\} \tag{6.7}$$

式中，$X_{\dot{u}}$、$Y_{\dot{v}}$、$Z_{\dot{w}}$、$K_{\dot{p}}$、$M_{\dot{q}}$、$N_{\dot{r}}$ 表示机器人附加质量矩阵系数。

在假设（1）和假设（3）成立的前提下，机器人附加质量科里奥利矩阵 $C_A(V)$ 可表示为[10]

$$C_A(V) = \begin{bmatrix} 0 & 0 & 0 & 0 & -Z_{\dot{w}}w & Y_{\dot{v}}v \\ 0 & 0 & 0 & Z_{\dot{w}}w & 0 & -X_{\dot{u}}u \\ 0 & 0 & 0 & -Y_{\dot{v}}v & X_{\dot{u}}u & 0 \\ 0 & -Z_{\dot{w}}w & Y_{\dot{v}}v & 0 & -N_{\dot{r}}r & M_{\dot{q}}q \\ Z_{\dot{w}}w & 0 & -X_{\dot{u}}u & N_{\dot{r}}r & 0 & K_{\dot{p}}p \\ -Y_{\dot{v}}v & X_{\dot{u}}u & 0 & -M_{\dot{q}}q & K_{\dot{p}}p & 0 \end{bmatrix} \tag{6.8}$$

虽然机器人在流体中进行高速运动时，受到的阻尼力是非线性和强耦合的，但在低速情况下，机器人受到的阻尼力主要包括线性阻尼力和二次拖曳力，其他阻尼力可忽略不计。由于机器人运动速度较低，因此在运动过程中受到变压器油的阻尼力可表示为[11]

$$\begin{aligned} D(V) = -\mathrm{diag}\Big\{ & X_u + X_{u|u|}|u|, Y_v + Y_{v|v|}|v|, Z_w + Z_{w|w|}|w|, \\ & K_p + K_{p|p|}|p|, M_q + M_{q|q|}|q|, N_r + N_{r|r|}|r| \Big\} \end{aligned} \tag{6.9}$$

式中，X_u、Y_v、Z_w、K_p、M_q、N_r 分别表示机器人不同运动方向的流体黏性系数；$X_{u|u|}$、$Y_{v|v|}$、$Z_{w|w|}$、$K_{p|p|}$、$M_{q|q|}$、$N_{r|r|}$ 分别表示机器人不同运动方向的二次压差系数。

6.1.3 喷射泵产生的推力及其力矩

机器人搭载的喷射泵产生的推力和力矩 i 可表示为

$$i = \begin{bmatrix} F_u & F_v & F_w & T_p & T_q & T_r \end{bmatrix}^{\mathrm{T}} \tag{6.10}$$

式中，F_u、F_v、F_w、T_p、T_q 和 T_r 分别表示机器人横移、侧移、升沉、横倾、纵倾、旋转方向受到的力和力矩。根据喷射泵在机器人的布局可知，机器人在横倾、纵

倾方向不受喷射泵力矩的影响，$T_p=T_q=0$。机器人在运动过程中，受到的喷射泵推力在4.2节中已经详细阐述。当机器人前进运动时，机器人受到的力可表示为

$$F_u=\left(F_3+F_4\right)\cos 45°=\frac{\sqrt{2}}{2}\left(F_3+F_4\right) \tag{6.11}$$

式中，F_3和F_4分别表示喷射泵T_3和T_4产生的推力。机器人在垂直方向向下运动时受到的喷射泵的推力F_w可表示为

$$F_w=F_5+F_6 \tag{6.12}$$

式中，F_5和F_6分别表示喷射泵T_5和T_6产生的推力。

6.1.4 重力和浮力

当机器人全面浸没在变压器油中时，机器人受到的浮力B大于机器人重力W，称为机器人在变压油中受正浮力。假设机器人载体坐标系原点O与机器人的浮心重合，机器人浮心坐标可表示为(0, 0, 0)。机器人重心坐标可表示为$(0, 0, z_g)$。机器人在变压器油中受到的重力/浮力和力矩可表示为[12]

$$G=\begin{bmatrix}(W-B)\sin\theta \\ -(W-B)\cos\theta\sin\varphi \\ -(W-B)\cos\theta\cos\varphi \\ z_g W\cos\theta\sin\varphi \\ z_g W\sin\theta \\ 0\end{bmatrix} \tag{6.13}$$

式中，机器受到的重力$W=mg$；机器人受到的浮力$B=\rho gV$，g表示重力加速度系数，ρ表示变压器油密度，V表示机器人体积；θ和φ分别表示机器人纵倾角和横倾角。根据喷射泵在机器人内部的安装方式可知，机器人在横倾和纵倾方向的运动可忽略，因此，$\theta=\varphi=0$，矩阵G可表示为

$$G=\begin{bmatrix}0 \\ 0 \\ B-W \\ 0 \\ 0 \\ 0\end{bmatrix} \tag{6.14}$$

6.1.5 机器人动力学模型

由于机器人在横倾和纵倾方向的运动忽略不计，机器人横倾和纵倾角速度 $p=q=0$，因此，机器人动力学模型可简化为

$$\begin{cases}(m-X_{\dot{u}})\dot{u}-(m-Y_{\dot{v}})vr+Y_{\dot{v}}vr+\left(X_u+X_{u|u|}|u|\right)u=F_u+W_u\\(m-Y_{\dot{v}})\dot{v}+(m-X_{\dot{u}})ur+\left(Y_v+Y_{v|v|}|v|\right)=F_v+W_v\\(m-Z_{\dot{w}})\dot{w}+\left(Z_w+Z_{w|w|}|w|\right)w=F_w+B-M+W_w\\(I_z-N_{\dot{r}})\dot{r}-Y_{\dot{v}}vu+X_{\dot{u}}uv+\left(N_r+N_{r|r|}|r|\right)=T_r+W_r\end{cases} \tag{6.15}$$

6.2 机器人运动学模型

根据水下机器人在水中的运动模型[13]，机器人的运动模型可表示为

$$\begin{cases}\dot{X}=u\cos\psi-v\sin\psi\\\dot{Y}=u\sin\psi-v\cos\psi\\\dot{Z}=w\\\dot{\psi}=r\end{cases} \tag{6.16}$$

式中，$\dot{X}$、$\dot{Y}$和$\dot{Z}$分别表示机器人在地面坐标系下 E_ξ、E_ζ和 E_η轴的位置；ψ表示机器人围绕 E_η轴旋转的角度，如图 6.1 所示。

6.3 喷射泵模型

机器人驱动系统由 6 路喷射泵和驱动装置构成。微控制器通过实时调节喷射泵的运动速度实现机器人在变压器内部的四自由度灵活运动。因此，掌握喷射泵输出力大小的影响因素对于机器人智能控制算法的设计具有重要意义。

6.3.1 理论分析

喷射泵产生的推力与喷射泵电机的旋转速度、喷射口直径、进流速度等因素

有关，喷射泵内部结构如图 6.2 所示。V_i 表示喷射泵入射流速度，w 表示电机旋转角速度，V_c 表示喷射口轴向速度，D 表示喷口直径，V_o 表示喷射流速度。机器人采用的喷射泵与文献[14]中水下机器人采用的喷射泵结构类似。借鉴文献[14]喷射泵的建模方法，本章给出喷射泵推力计算公式如下：

$$F = \frac{\pi}{4}\rho D^2\left(k_1^2 V_o^2 + 2k_1 k_2 V_o D\omega + k_2^2 D^2 \omega^2\right) \tag{6.17}$$

$$V_o = k_1 V_i + k_2 V_c \tag{6.18}$$

$$V_c = \frac{1}{2} D\omega \tag{6.19}$$

式中，ρ 表示变压器油密度；k_1 和 k_2 表示比例系数。喷射流速度 V_o 与喷射泵电机旋转速度 V_c 和喷射泵入射流速度 V_i 相关。由于 k_1、k_2、V_o 很难通过理论分析直接得到，本章设计了喷射泵推力测试装置，通过实验的方法识别未知参数。

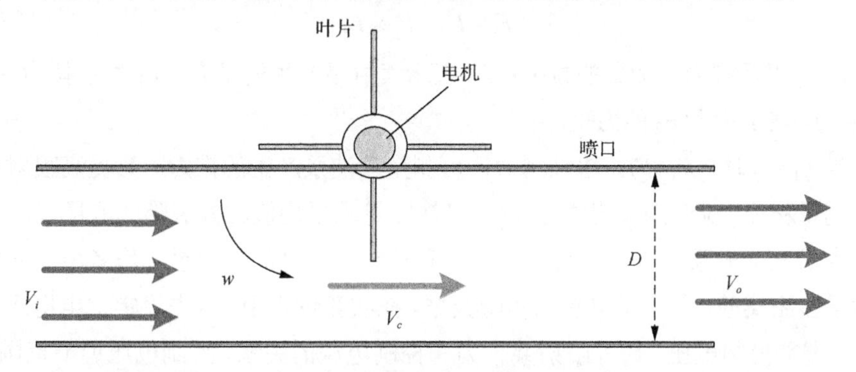

图 6.2　喷射泵内部结构

由式（6.17）可知，机器人喷射泵的推力主要由喷射泵内部电机的转速决定，电机的转速由电机的供电电压和控制电压决定。因此，喷射泵推力测试实验的目的是建立电机控制电压与喷射泵推力的数学关系。

6.3.2　参数识别

由于普通的测力计不能在变压器油内部测量喷射泵的推力，本章利用杠杆原理设计了喷射泵推力装置，如图 6.3 所示[15]。推力装置包括测力计、喷油泵、电源、喷射泵驱动板、杠杆。喷油泵固定在杠杆的低端，放置于变压器油内部。电源通过喷射泵驱动板为喷射泵提供动力，电源电压的输出范围为 8～12V，控制电压输出范围为 0～5V。

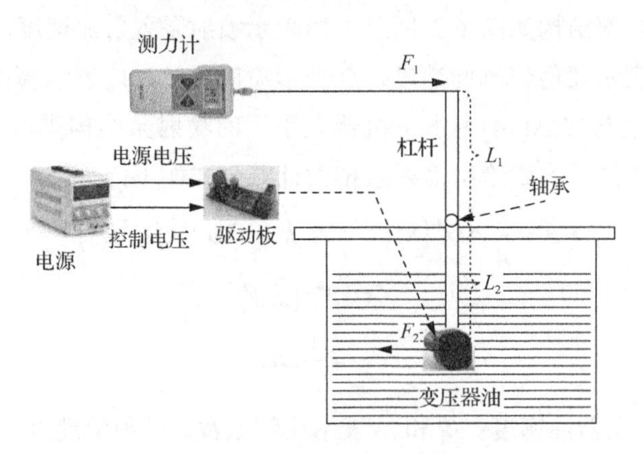

图 6.3 喷射泵推力装置

由图 6.3 可知，根据杠杆原理可得如下公式：

$$F_1 \times L_1 = F_2 \times L_2 \tag{6.20}$$

式中，F_1 表示测力计测量的拉力；F_2 表示喷射泵产生的推力；L_1 表示拉力 F_1 的力矩；L_2 表示拉力 F_2 的力矩。

当 L_1=L_2 时，F_1=F_2。通过测力计可测量喷油泵产生的推力。为提高喷射泵的推力测量精度，通过对每组数据进行多次测量求平均值的方法降低测量误差。

为研究喷射泵推力大小与供电电压和控制电压之间的关系，作者所在研究团队做了多组实验，获得了丰富的实验数据。在实验过程中，首先设定供电电压 12V 不变，调节控制电压，研究喷射泵推力与控制电压的关系。控制电压调节范围 0～5V，调节间隔 0.1V，每组情况测量数据 10 次，去除最大值和最小值，然后通过求平均值的方法降低测量误差。当 12V 供电电压下数据测量完毕后，调节供电电压为 11.5V、11V、10.5V、10V，分别测量在以上供电电压下，喷射泵推力与控制电压之间的关系。为研究控制电压与喷射泵推力的关系，对其进行多项式拟合。同时为保证拟合精度且便于实际应用，采用二阶多项式拟合得到其关系曲线，如图 6.4 所示。

图 6.4 显示了不同输入电压下推力与控制电压的结果。结果表明，随着控制电压的增加，喷射泵推力增大。当控制电压高于 3.2V 时，推力随着输入电压的增加而增大。当控制电压等于 3.2V 和输入电压等于 12V 时，喷射泵产生的最大推力为 0.63N。

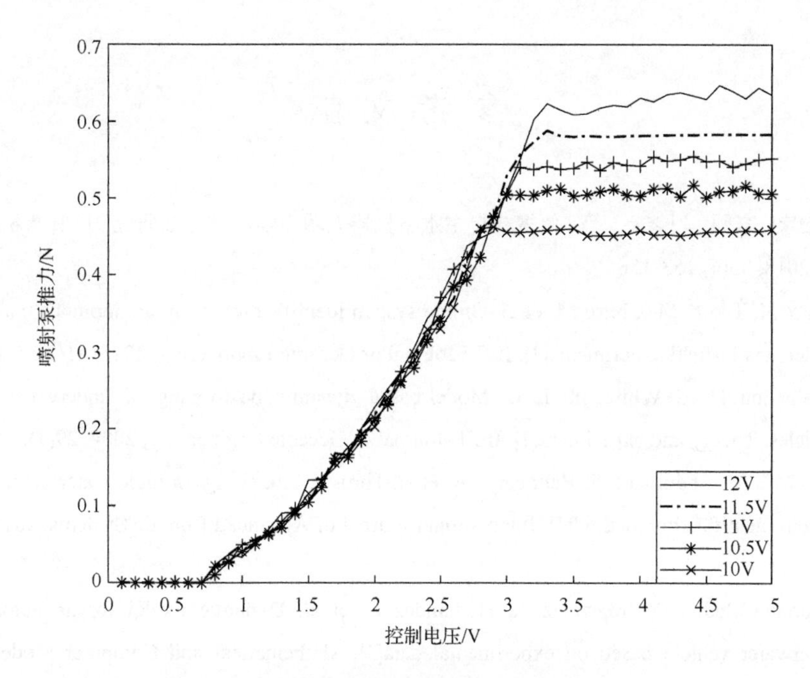

图 6.4　不同输入电压下控制电压与推力的关系

机器人的电池电压范围为 11～12V，在输入电压为 11.5V 的情况下，采用数据拟合的方法得到推力与控制电压的关系：

$$F = 0.0586U^2 + 0.0029U - 0.0215 \tag{6.21}$$

式中，F 表示喷射泵的推力；U 表示控制电压。

6.4　小　结

在机器人机械结构及控制系统设计的基础上，本章主要参考水下机器人动力学模型构建方法，结合球形机器人的特点，推导出了机器人四自由度动力学模型，为机器人下一步控制策略研究提供了基础。喷射泵是机器人的动力系统，本章通过理论分析和实验测试相结合的方法建立了喷射泵推力大小与控制电压及供电电压的关系模型。

参 考 文 献

[1] 曾俊宝, 李硕, 刘鑫宇, 等. 便携式自主水下机器人动力学建模方法研究[J]. 计算机应用研究, 2018, 35(6):153-156.

[2] Eng Y H, Teo K M, Chitre M, et al. Online system identification of an autonomous underwater vehicle via in-field experiments[J]. IEEE Journal of Oceanic Engineering, 2015, 41(1): 5-17.

[3] Smallwood D A, Whitcomb L L. Model-based dynamic positioning of underwater robotic vehicles: Theory and experiment[J]. IEEE Journal of Oceanic Engineering, 2004, 29(1): 169-186.

[4] Aras M S M, Abdullah S S, Rahman A A, et al. Thruster modelling for underwater vehicle using system identification method[J]. International Journal of Advanced Robotic Systems, 2013, 10(5): 252.

[5] Valeriano-Medina Y, Martinez A, Hernandez L, et al. Dynamic model for an autonomous underwater vehicle based on experimental data[J]. Mathematical and Computer Modelling of Dynamical Systems, 2013, 19(2): 175-200.

[6] Ridao P, Batlle J, Carreras M. Dynamics model of an underwater robotic vehicle[J]. Institute of Informatics and Applications, University of Girona, 2001, 23(8): 3-28.

[7] Ataei M, Yousefi-Koma A. Three-dimensional optimal path planning for waypoint guidance of an autonomous underwater vehicle[J]. Robotics and Autonomous Systems, 2015, 67(5): 23-32.

[8] Prasad B, Agrawal A, Viswanathan V, et al. A visually guided spherical underwater robot[C]. IEEE Underwater Technology (UT), 2015: 1-6.

[9] 施生达. 潜艇操纵性[M]. 北京: 国防工业出版社, 1995.

[10] Gu S X, Guo S X. Performance evaluation of a novel propulsion system for the spherical underwater robot (SURIII)[J]. Applied Sciences, 2017, 7(11): 1196-1215.

[11] Xu Y M, Mohseni K. Bioinspired hydrodynamic force feedforward for autonomous underwater vehicle control[J]. IEEE/ASME Transactions on Mechatronics, 2013, 19(4): 1127-1137.

[12] Antonelli G, Chiaverini S, Sarkar N, et al. Adaptive control of an autonomous underwater vehicle: Experimental results on ODIN[J]. IEEE Transactions on Control Systems Technology, 2001, 9(5): 756-765.

[13] Kim J, Joe H, Yu S C, et al. Time-delay controller design for position control of autonomous underwater vehicle under disturbances[J]. IEEE Transactions on Industrial Electronics, 2015, 63(2): 1052-1061.

[14] Lin X C, Guo S X, Tanaka K, et al. Underwater experiments of a water-jet-based spherical underwater robot[C]. IEEE International Conference on Mechatronics and Automation, 2011: 738-742.

[15] Feng Y B, Liu Y J, Gao H W, et al. Hovering control of submersible transformer inspection robot based on the ASMBC method[J]. IEEE Access, 2020, 8: 76287-76299.

7　机器人定点观测控制器设计

机器人定点观测是机器人实现变压器内部故障检测的基础。机器人在液体中的悬停控制方法也是科研人员研究的热点问题。机器人工作于变压器油中，受喷射泵推力与安装误差的影响，机器人垂直运动和水平运动存在耦合，机器人在做垂直运动时会产生水平方向的耦合分力，使机器人下潜过程中或悬停过程中产生自旋现象，造成机器人悬停困难的问题。此外，变压器内部结构复杂，并且机器人作业时需具有灵敏的运动能力，对机器人智能运动控制算法的控制精度提出了较高要求。本章针对机器人悬停定位及运动过程中的自旋问题，设计了定点观测控制器。

7.1　滑模控制基本原理

近年来，滑模变结构控制被广泛应用于水下机器人的运动控制中，有效解决了多种水下机器人如水下滑翔机、自治式潜水器（autonomous underwater vehicle，AUV）、遥控潜水器（remote operated vehicle，ROV）的姿态、运动轨迹跟踪控制问题，实现了机器人的安全作业[1-4]。

滑模控制（sliding mode control）也称为变结构控制，是一种结构不确定的非线性控制，该控制方法具有响应速度快、扰动不灵敏、无须系统在线辨识的优点。滑模控制需根据系统期望的动态特性设计系统的切换超平面，通过滑动模态控制器使系统状态沿切换超平面到达系统原点[5]。

滑模控制器的设计过程决定了控制器在系统原点容易出现抖振、控制误差偏大等问题。针对以上问题，科研人员通常引入模糊控制、深度学习、神经网络等控制方法改善滑模控制器稳态特性，降低稳态误差。文献[6]、[7]分别采用神经网络小脑模型清晰度控制、模糊控制器对 AUV 的比例积分微分（proportional integral differential，PID）控制器进行了优化设计，增强了控制器的稳定性与抗干扰性；

文献[8]～[11]针对非完整约束的 AUV 运动控制问题，分别基于解耦变换、反步控制、加幂积分、逻辑控制等方式建立了 AUV 的点镇定控制模型，有效实现了 AUV 的全局渐进稳定；文献[12]考虑了非线性系统的未知干扰因素，引入动态干扰补偿器设计了滑模控制器，实现了 AUV 的运动控制；文献[13]通过采用反馈校正及反步控制优化方法设计了 AUV 3 维路径跟踪滑模控制器，具有良好的跟踪性能；文献[14]设计了一种模糊滑模控制器，有效提升了 AUV 稳定性和鲁棒性。文献[15]设计了控制器前馈控制的补偿器，实现了 AUV 末端执行器的任务空间轨迹跟踪，并通过仿真验证了所设计的控制器比传统 PID 控制器、滑模控制器鲁棒性更好。

水下机器人零速悬停控制是水下机器人控制的难点问题，研究人员提出了多种悬停控制方法。文献[16]设计了一种具有悬停功能的 AUV，它有四个贯穿式隧道推进器和一个后螺旋桨；设计了基于 PID 的控制系统，使 AUV 能够从悬停运动平稳过渡到巡航运动。文献[17]通过改变机器人浮力和姿态来调节 AUV 的深度。为提高欠驱动 AUV 的深度跟踪控制性能，文献[18]提出了一种基于非线性扰动观测器的自适应反步控制器。

本书设计的油浸式变压器内部故障检测机器人搭载 6 个喷射泵，其中在水平方向布置 4 个喷射泵，在垂直方向布置 2 个喷射泵，机器人具备在变压器油中四自由度运动的能力。尽管机器人在垂直方向上安装了 2 个喷射泵，但喷射泵仅能为机器人提供向下的推力。因此，机器人应具有轻微的正浮力，当系统发生故障，机器人可以浮到油面上。当机器人在变压器油中悬停时，垂直方向上的 2 个喷射泵需持续工作以抵消正浮力。由于机器人为球形壳体，所以偏航方向的阻力很小。2 个喷射泵工作时引起的环境扰动使机器人发生自旋。因此，研究欠驱动球形机器人悬停控制器的设计方法对于机器人在变压器内部完成观测具有重要意义。

7.2 模型解耦

由于机器人在变压器中的运动速度不高于 0.1m/s，并且耦合运动造成的姿态偏转力较小，且不便于直接预测，与外界扰动类似。因此，在进行机器人滑模控制器设计时，可将由纵向运动引起的航向角变化和水平运动引起的深度变化视为外界干扰，便于滑模控制器处理耦合现象，简化控制器设计，并增强系统的适应能力。水下机器人在低速运动状态下，机器人四自由度运动方程可解耦为纵向子系统和横向子系统[19]。由于本章主要研究机器人在变压器内部的定点观测问题，因此重点研究机器人的深度控制方法和航向角控制方法。解耦后的机器人深度控制模型和航向角控制模型可简化为

$$\begin{cases}\dot{Z}=w\\(m-Z_{\dot{w}})\dot{w}+\left(Z_w+Z_{w|w|}|w|\right)w=F_w+B-M+W_w\end{cases}\tag{7.1}$$

$$\begin{cases}\dot{\psi}=r\\(I_z-N_{\dot{r}})\dot{r}+\left(N_r+N_{r|r|}|r|\right)r=T_r+W_r\end{cases}\tag{7.2}$$

式中符号表示的含义在6.1节中已做详细阐述，这里不再赘述。

机器人下潜过程中垂直喷射泵 T_5 与 T_6 会产生一个水平方向上未知的推力分量，使机器人沿水平切面自旋，为了消除机器人下潜过程中的旋转问题，并实现定点悬停功能，需同时设计机器人的偏转角控制器及深度控制器，实时校正耦合运动带来的姿态误差。机器人定点观测级联控制结构如图7.1所示，主要包括深度控制和航向角控制，Z_d 表示机器人期望深度，Z 表示深度计测量的实时深度，ψ_d 表示机器人期望航向角，ψ 表示姿态传感器测量的实时航向角。机器人首先通过深度控制方法运动到期望深度，然后通过航向角控制方法调整航向角，以实现对变压器内部故障点的定点稳定观测。

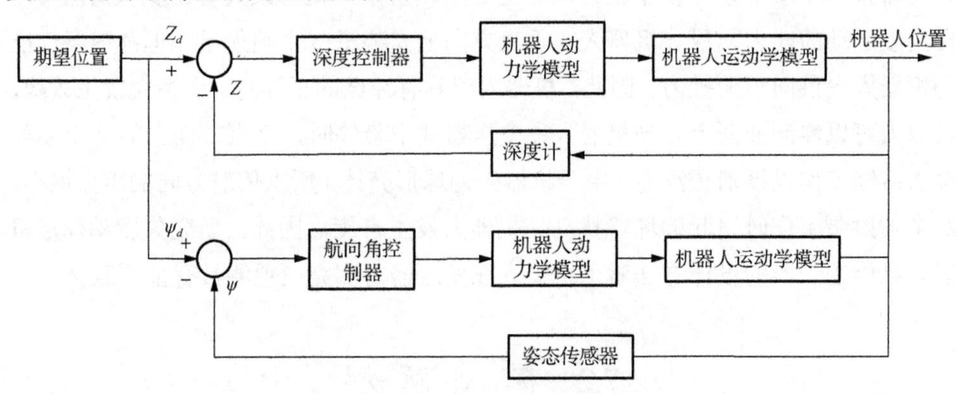

图7.1　机器人定点观测级联控制结构

7.3　深度控制器设计

由于机器人没有搭载提供向上推力的喷射泵，机器人依靠正浮力向上运动，因此机器人深度控制问题属于欠驱动控制范畴。机器人深度控制是机器人实现定

点观测的基础。机器人深度控制结构如图 7.2 所示，机器人深度控制采用自学习控制器和自适应反演滑模控制器相结合的方式实现，F_w表示自适应反演滑模控制器输出的力，F_d表示自学习控制器输出的力，F 表示输出的合力。自学习控制器解决机器人正浮力的问题，自适应反演控制器在自学习控制器的基础上实现机器人深度的精确控制。

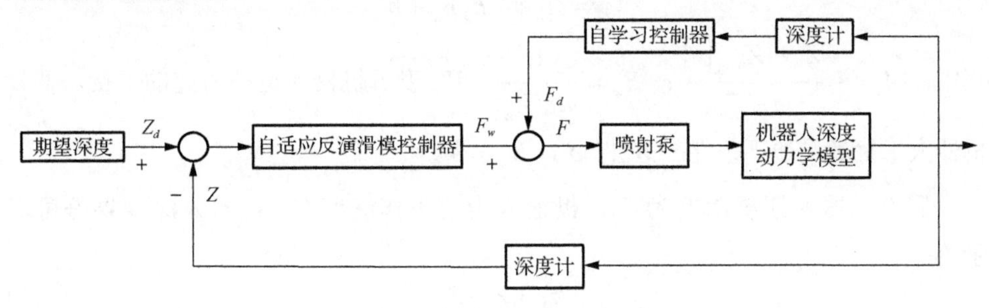

图 7.2　机器人深度控制结构

7.3.1　自学习控制器

机器人在变压器油中受到的正浮力大小主要取决于变压器油的密度。然而，由于变压器油长期工作在高温、高压的变压器环境中，老化严重。油的老化势必导致变压器油密度的改变[20]。因此，通过理论计算无法求得机器人在变压器内部受到的正浮力。

针对机器人正浮力无法理论计算的问题，本节设计了自学习控制器，通过机器人自主学习获取喷射泵推力 F_d 的控制电压，使其产生的推力抵消机器人所受的正浮力。自学习控制器的流程图如图 7.3 所示。其中ΔF 是增加电压，Z_d是机器人的期望深度，Z 是机器人的当前深度，ΔZ 是深度阈值，n 是推力系数。

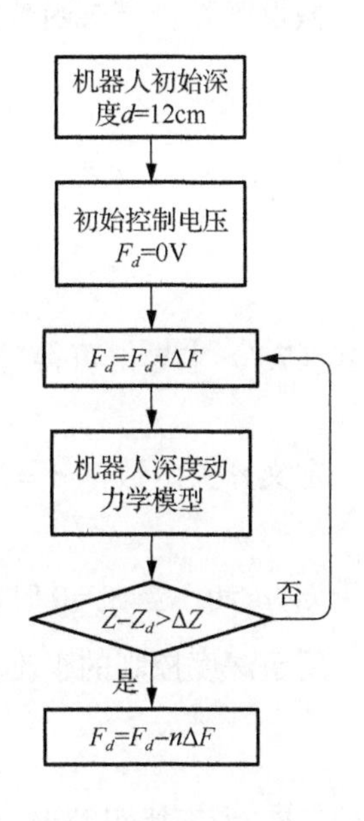

图 7.3　深度自学习控制器流程图

7.3.2 自适应反演滑模控制器设计

为方便控制器设计，控制模型（7.1）可简写为

$$\begin{cases}\dot{Z}=w\\ \dot{w}=A_w w+B_w F_w+W_w\end{cases} \tag{7.3}$$

式中，$A_w=-\dfrac{Z_w+Z_{w|w|}|w|}{m-Z_{\dot{w}}}$；$B_w=\dfrac{1}{m-Z_{\dot{w}}}$；$W_w$ 表示机器人运动引起的干扰。假设机器人干扰满足如下条件：$|W_w|<\delta$，$\dot{W}_w=0$。

假设机器人期望深度为 Z_d，机器人当前工作深度 Z，机器人深度误差可表示为

$$z_1=Z-Z_d \tag{7.4}$$

对式（7.4）求导可得

$$\dot{z}_1=\dot{Z}-\dot{Z}_d=w-\dot{Z}_d \tag{7.5}$$

假设李雅普诺夫函数定义为

$$V_1=\frac{1}{2}z_1^2 \tag{7.6}$$

定义 $w=z_2+\dot{Z}_d-c_1z_1$，其中，$c_1>0$，$z_2=w-\dot{Z}_d+c_1z_1$ 表示虚拟控制变量，式(7.5)可写为

$$\dot{z}_1=z_2-c_1z_1 \tag{7.7}$$

对式（7.7）求导，可得

$$\dot{V}_1=z_1\dot{z}_1=z_1z_2-c_1z_1^2 \tag{7.8}$$

定义开关函数，$\sigma=k_1z_1+z_2$，其中 $k_1>0$。将式（7.7）代入开关函数可得

$$\sigma_w=k_1z_1+z_2=\left(k_1+c_1\right)z_1+\dot{z}_1 \tag{7.9}$$

由于 $k_1+c_1>0$，当 $\sigma_w=0$ 时，$z_1=0$，$z_2=0$，从而 $\dot{V}_1\leqslant 0$。

用于深度控制的李雅普诺夫函数可定义为

$$V_2=V_1+\frac{1}{2}\sigma_w^2+\frac{1}{2r}\tilde{W}_w^2 \tag{7.10}$$

式中，$\tilde{W}_w$ 为干扰跟踪误差，可定义为 $\tilde{W}_w=W_w-\hat{W}_w$，$\hat{W}_w$ 是误差估计矢量；$r>0$。

对式（7.10）求导可得

$$
\begin{aligned}
\dot{V}_2 &= \dot{V}_1 + \sigma\dot{\sigma} + \frac{1}{\gamma}\tilde{W}_w\dot{\tilde{W}}_w \\
&= z_1 z_2 - c_1 z_1^2 + \sigma_w\left(k_1\dot{z}_1 + \dot{z}_2\right) - \frac{1}{\gamma}\tilde{W}_w\dot{\hat{W}}_w \\
&= z_1 z_2 - c_1 z_1^2 + \sigma_w\left(k_1\left(z_2 - c_1 z_1\right) + \dot{w} - \ddot{Z}_d + c_1\dot{z}_1\right) - \frac{1}{\gamma}\tilde{W}_w\dot{\hat{W}}_w \\
&= z_1 z_2 - c_1 z_1^2 + \sigma_w\left(k_1\left(z_2 - c_1 z_1\right) + B_w F_w + \hat{W}_w + A_w\left(\dot{z}_2 + \dot{Z}_d - c_1 z_1\right) - \ddot{Z}_d + c_1\dot{z}_1\right) \\
&\quad - \frac{1}{\gamma}\tilde{W}_w\left(\dot{\hat{W}}_w + \gamma\sigma_w\right)
\end{aligned} \tag{7.11}
$$

自适应反演滑模控制器可表示为

$$
\begin{aligned}
F_w = B_w^{-1}\Big(&-k_1\left(z_2 - c_1 z_1\right) - A_w\left(\dot{z}_2 + \dot{Z}_d - c_1 z_1\right) \\
&- \hat{W}_w + \ddot{Z}_d - c_1\dot{z}_1 - h_w\left(\sigma_w + \beta_w \operatorname{sgn}\left(\sigma_w\right)\right)\Big)
\end{aligned} \tag{7.12}
$$

式中，$h_w>0$；$\beta_w>0$。

自适应控制率可定义为

$$
\dot{\hat{W}}_w = -\gamma\sigma \tag{7.13}
$$

7.3.3 自适应反演滑模控制器稳定性分析

将式（7.13）和式（7.12）代入式（7.11）可得

$$
\dot{V}_2 = z_1 z_2 - c_1 z_1^2 - h_w\sigma^2 - h_w\beta_w\left|\sigma\right| \tag{7.14}
$$

定义，$Q = \begin{bmatrix} c_1 + h_w k_1^2 & h_w k_1 - \frac{1}{2} \\ h_w k_1 - \frac{1}{2} & h_w \end{bmatrix}$，可得

$$
\begin{aligned}
z^{\mathrm{T}} Q z &= \begin{bmatrix} z_1 & z_2 \end{bmatrix} \begin{bmatrix} c_1 + h_w k_1^2 & h_w k_1 - \frac{1}{2} \\ h_w k_1 - \frac{1}{2} & h_w \end{bmatrix} \begin{bmatrix} z_1 & z_2 \end{bmatrix}^{\mathrm{T}} \\
&= c_1 z_1^2 - z_1 z_2 + h_w k_1^2 z_1^2 + 2h_w k_1 z_1 z_2 + h_w z_2^2 \\
&= c_1 z_1^2 - z_1 z_2 + h_w\sigma^2
\end{aligned} \tag{7.15}
$$

矩阵 Q 行列式的值可写为

$$
\begin{aligned}
|Q| &= h_w\left(c_1 + h_w k_1^2\right) - \left(h_w k_1 - \frac{1}{2}\right)^2 \\
&= h_w\left(c_1 + k_1\right) - \frac{1}{A} > 0
\end{aligned} \tag{7.16}
$$

将式（7.15）代入式（7.14）可得

$$
\dot{V}_2 = -z^{\mathrm{T}} Q z - h_w \beta_w |\sigma| \leqslant 0 \tag{7.17}
$$

设置参数 h_w、c_1 和 k_1 满足不等式（7.16）。如果 Q 是正定矩阵，不等式（7.17）满足条件，从而控制器收敛性得到证明。

7.4 航向角控制器设计

机器人在变压器内部进行故障观测时，由于具有正浮力，垂直喷射泵需持续工作使机器人悬浮在固定的深度。垂直喷射泵产生的干扰导致机器人发生自旋，单纯的自适应反演滑模控制器很难满足机器人观测要求的控制精度。本节通过设计非线性干扰观测器，弥补自适应控制器对持续的未知外界干扰控制的不足，控制系统结构如图 7.4 所示。

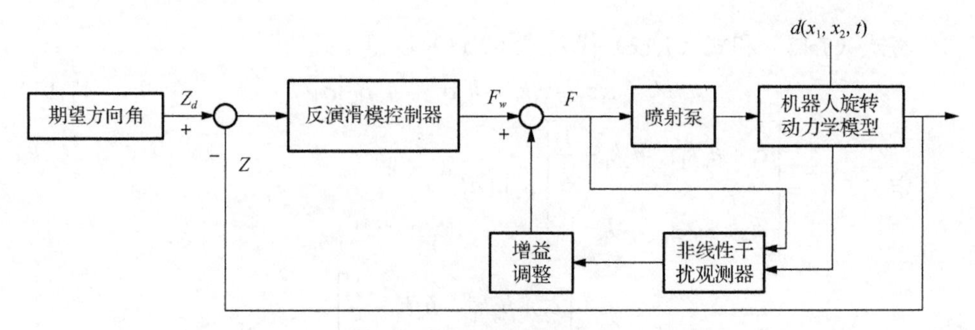

图 7.4　控制系统结构图

为方便设计控制器，机器人旋转运动动态模型可写为

$$
\begin{cases}
\dot{\psi} = r \\
\dot{r} = A_r r + B_r T_r + W_r
\end{cases} \tag{7.18}
$$

式中，$A_r = -\dfrac{N_r + N_{r|r|}|r|}{I_z - N_{\dot{r}}}$；$B_r = \dfrac{1}{I_z - N_{\dot{r}}}$；$W_r = \dfrac{W}{I_z - N_{\dot{r}}}$，$W_r$ 表示未知干扰，并且满

足如下条件：$\left|W_r\right|<\mu$，$\dot{W}_r=0$。

7.4.1 非线性干扰观测器设计

根据系统动态模型公式（7.18），本章采用的非线性干扰观测器具有如下形式[21]：

$$\begin{cases}\hat{d}=z+p\left(x\right)\\ \dot{z}=-L\left(x\right)z+L\left(x\right)\left(-p\left(x\right)-A_r r-B_r T_r\right)\end{cases}\tag{7.19}$$

式中，$\dot{p}(x)=L(x)\dot{x}_2$；$L(x)$为待设计的参数，$L(x)$应满足如下条件：$L(x)>0$。

干扰观测器的观测误差定义为

$$\tilde{d}=d-\hat{d}\tag{7.20}$$

由于干扰项$d\left(x\right)$先验信息未知，假设相对于观测器的动态特性，干扰的变化满足如下条件：$\dot{d}=0$。

观测器误差系统动态方程可表示为

$$\dot{\tilde{d}}=\dot{d}-\dot{\hat{d}}=-\dot{z}-\dot{p}\left(x\right)=-L\left(x\right)\tilde{d}\tag{7.21}$$

7.4.2 非线性干扰观测器稳定性分析

定义非线性干扰观测器的李雅普诺夫函数：

$$V=\frac{1}{2}\tilde{d}^2\tag{7.22}$$

对式（7.22）求导可得

$$\dot{V}=\tilde{d}\dot{\tilde{d}}=-L\left(x\right)\tilde{d}^2\tag{7.23}$$

所以，当$L(x)>0$时，可知观测器的观测误差按指数收敛。

观测器输出控制量可定义为

$$u_d=\frac{1}{B_r}\hat{d}\tag{7.24}$$

引入干扰观测后，系统状态模型可描述为

$$\begin{cases}\dot{\psi}=r\\ \dot{r}=A_r r+B_r T_r+\hat{W}_r\end{cases}\tag{7.25}$$

参考深度反演滑模控制器设计过程，航向角反演滑模控制器可写为

$$T_{\psi b}=B_r^{-1}\left(-k_2\left(\psi_2-c_3\psi_1\right)-A_r\left(\dot{\psi}_2+\dot{\psi}_d-c_3\psi_1\right)\right.$$
$$\left.-u\operatorname{sgn}\left(s\right)+\ddot{\psi}_d-c_3\dot{\psi}_1-h_r\left(\sigma_r+B_r\operatorname{sgn}\left(\sigma_r\right)\right)\right) \quad (7.26)$$

式中，ψ_d表示机器人期望航向角；ψ表示机器人实时航向角；k_2、c_3、h_r、σ_r表示控制器设计参数；航向角控制误差可定义为$\psi_1=\psi-\psi_d$；虚拟控制量$\psi_2=r-\dot{\psi}_d+c_3\psi_1$，开关函数定义为1。

7.5 仿真实验验证

7.5.1 仿真参数设置

设计的球形机器人质量 m 为 3.274kg，球体直径为 190mm，航行速度最大为 0.15m/s，采用无线方式通信，内部搭载姿态传感器、深度传感器及摄像机，可实时获取机器人当前姿态信息及深度信息。机器人由 12V 锂电池供电，短时间内可忽略电池电压变化带来的喷射泵推力变化。为了验证所设计的滑模控制器的有效性，在进行实际实验操作前，首先利用 MATLAB 对设计的控制器进行仿真实验，比较所设计的滑模控制器与常规 PID 控制器的控制效果。机器人流体动力学参数如表 7.1 所示。

表 7.1　机器人流体动力学参数

参数名称	数值	参数名称	数值
m	3.274kg	I_z	$0.01\text{kg}\cdot\text{m}^2$
$Z_{\dot{w}}$	-7.63×10^{-3}kg	Z_w	-6.82×10^{-3}kg/s
$N_{\dot{r}}$	-4.33×10^{-5}kg	N_r	-4.11×10^{-5}kg/s
$Z_{w\|w\|}$	-6.21×10^{-3}kg/s	$N_{r\|r\|}$	-2.09×10^{-4}kg/s

在仿真过程中，选定机器人初始航向角 $\varphi=0$，深度 $z=0$，航向控制器参数 $c_1=0.1$、$k_1=55.30$、$h=18$、$\beta=0.01$，深度控制器参数 $c_1=3.8035$、$k_1=29.8$、$h=3.8036$、$\beta=1$，外界扰动 $d=0.2\sin(2\pi t)$。航向滑模控制器参数 $K=0.005$、$\varepsilon=0.001$、$k_d=0.003$，深度滑模控制器参数 $K=2.45$、$\varepsilon=3.25$、$k_d=1.5$。

7.5.2 深度控制器仿真

按照 7.5.1 节给出的仿真参数，利用式（7.12）设计的自适应反演滑模控制器开展了机器人深度控制实验。机器人起始深度为 0，目标深度分别为 1m、1.5m、2m、1m，单神经元 PID（single-neuron PID，SN-PID）控制器和自适应反演滑模控制器（adaptive sliding mode backstepping controller，ASMBC）深度控制实验结果如图 7.5 和图 7.6 所示。由图 7.5 可知，ASMBC 的调节时间只有 22s，比 SN-PID 快，ASMBC 的超调量小于 SN-PID。ASMBC 的最大误差为 4cm。由于机器人以正浮力向上运动，因此在机器人向上运动时，ASMBC 与 SN-PID 调节时间相同。在第 100s 时受到干扰的影响，ASMBC 能使系统恢复到稳定状态。速度控制结果对比如图 7.6 所示，稳态时 ASMBC 的运动速度小于 SN-PID。仿真实验结果表明，从超调量、调节时间和稳态误差等方面比较，ASMBC 控制性能明显优于 SN-PID 控制器。

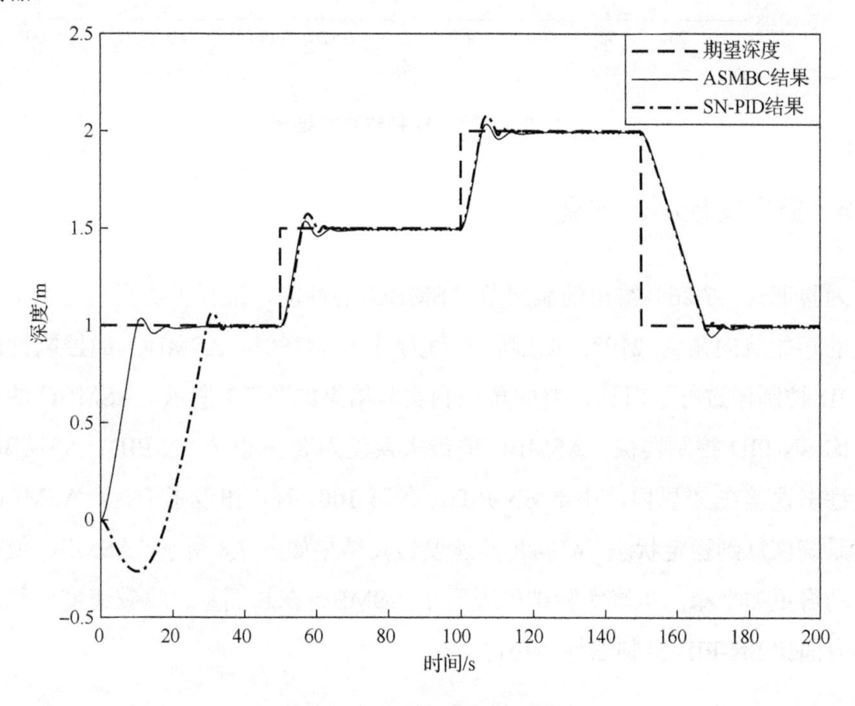

图 7.5 深度控制仿真结果

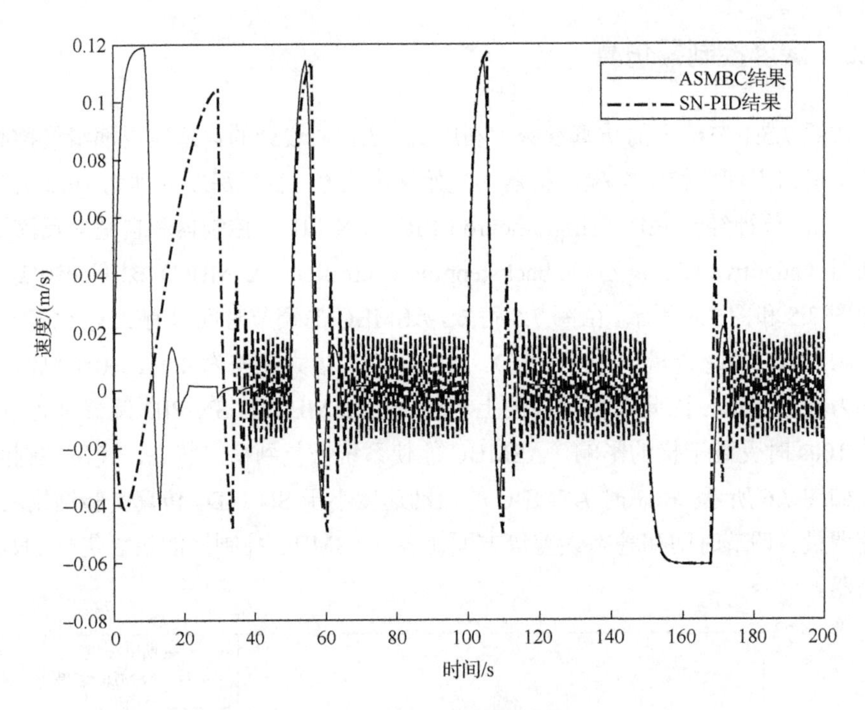

图 7.6　速度控制仿真结果

7.5.3　航向角控制器仿真

为验证式（7.26）给出的航向角 ASMBC 的性能，进行了仿真实验测试。机器人的初始航向角为 210°，期望航向角为 170°、190°。ASMBC 的控制性能与 SN-PID 控制器进行了对比，航向角控制实验结果如图 7.7 所示，ASMBC 的收敛速度比 SN-PID 控制器快；ASMBC 的最大误差为 8°，小于 SN-PID；ASMBC 的最大稳态误差在 2°以内，小于 SN-PID。在第 100s 时，出现了干扰，ASMBC 可以使系统恢复到稳定状态。航向角角速度仿真结果如图 7.8 所示，ASMBC 使机器人运动得更加平稳。仿真实验结果表明了 ASMBC 在超调量、收敛速度和稳态误差等方面比 SN-PID 控制器性能更好。

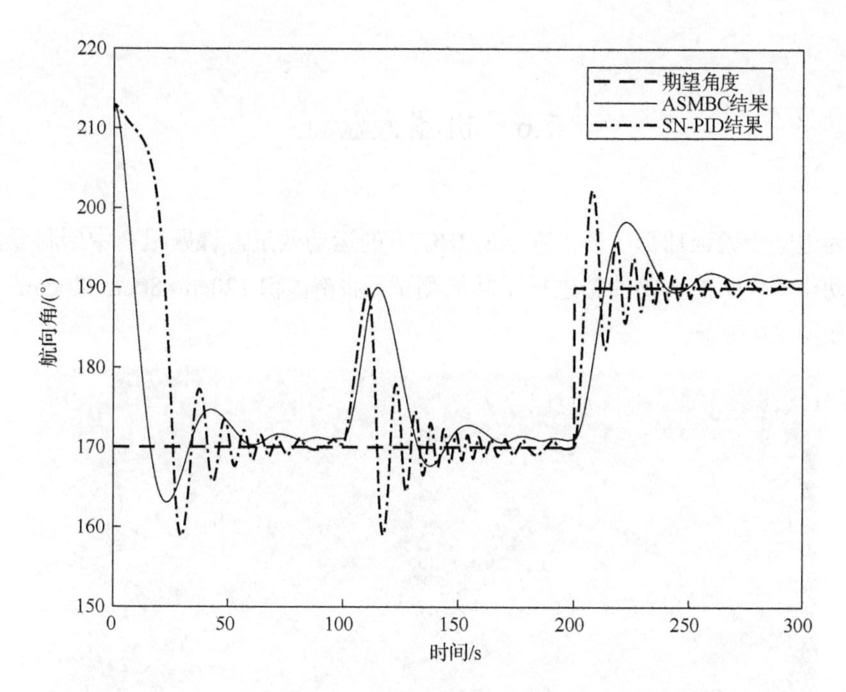

图 7.7 航向角控制实验结果

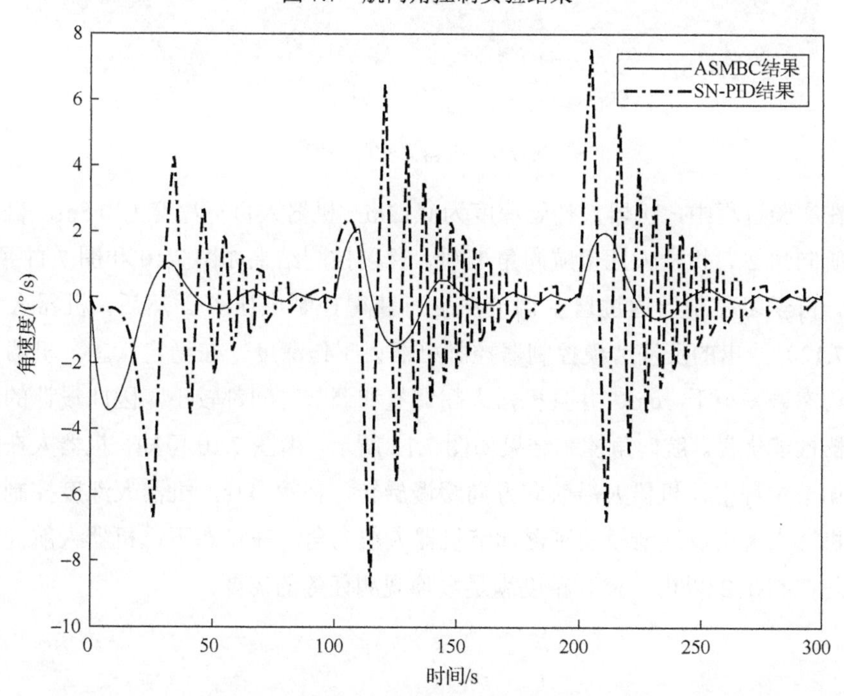

图 7.8 航向角角速度控制实验结果

7.6 机器人验证

为进一步验证球形机器人在 ASMBC 下的运动效果，课题组在中国科学院沈阳自动化研究所的实验油箱进行了功能测试，油箱体积 120cm×80cm×80cm。实验环境如图 7.9 所示。

图 7.9 机器人实验环境

在实验过程中，机器人初始深度为 0.12m，机器人目标深度为 0.5m，机器人初始航向角 2°，机器人期望航向角 150°。深度控制结果如图 7.10 和图 7.11 所示。首先，自学习控制器通过自主调节深度可获得控制电压 F_d。然后，机器人调用式（7.12）给出的反演滑模控制器控制机器人工作深度。在稳定状态，机器人最大的稳态误差小于 1cm，并且机器人超调量和调节时间都较小，因此设计的深度控制器性能优良。航向角控制结果如图 7.12 所示。由图 7.10 可知，机器人在深度控制调节过程中，机器人沿航向方向缓慢旋转。在第 11s，机器人深度控制稳定后，机器人调用反演滑模控制器调节机器人航向角。在稳态下，机器人航向角稳态误差控制在 2°以内，控制精度满足故障观测任务的需要。

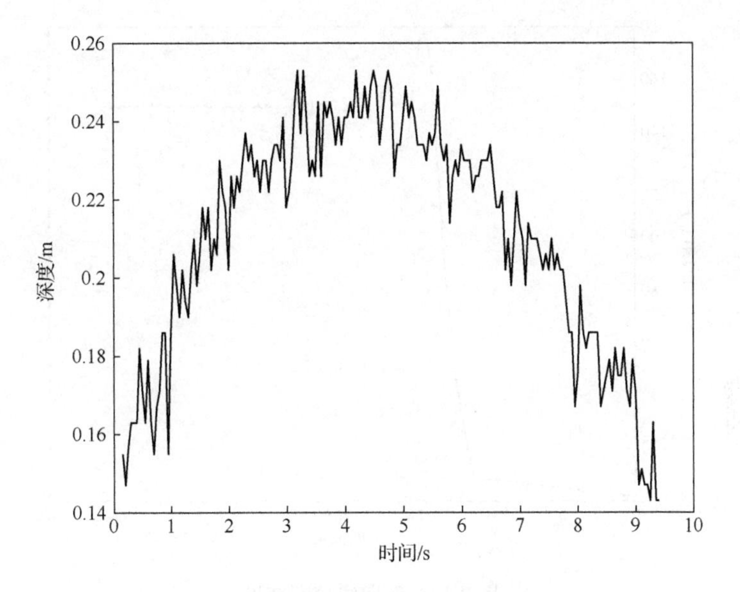

图 7.10 深度自学习控制器控制结果

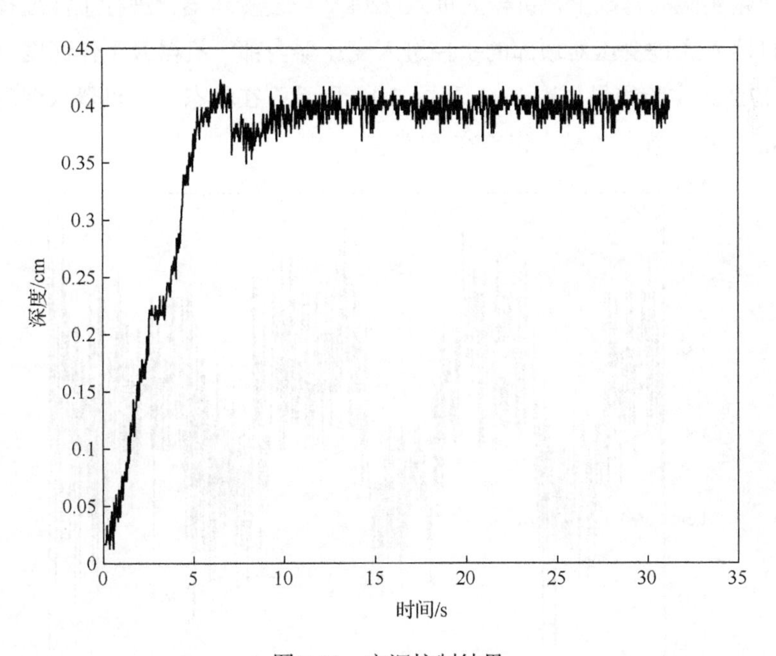

图 7.11 定深控制结果

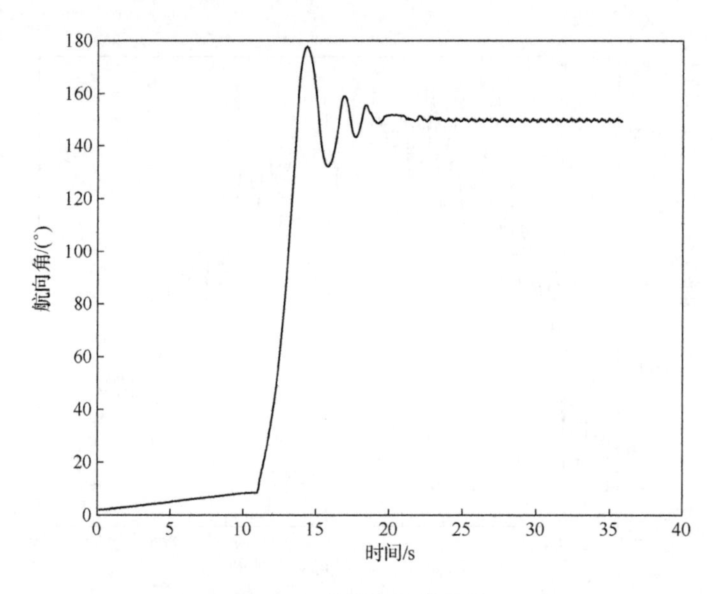

图 7.12　航向角控制结果

在油箱实验的基础上，机器人进入 220kV 三菱变压器，进行了深度控制调节实验。机器人通过变压器顶部的手控进入变压器内部。机器人工作深度 1.55m，航向角 175°。实验结果如图 7.13 和图 7.14 所示。在稳态下，机器人深度控制误差在 3cm 左右，航向角最大误差在 4°左右。

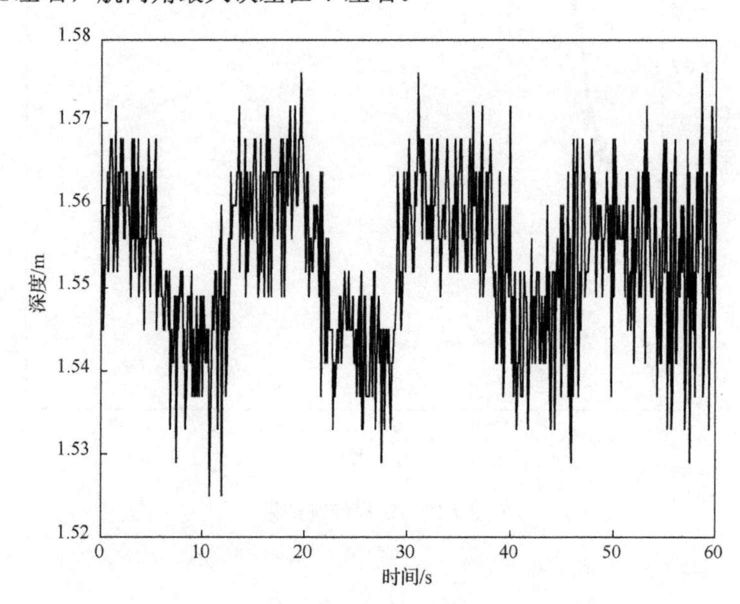

图 7.13　220kV 变压器深度控制结果

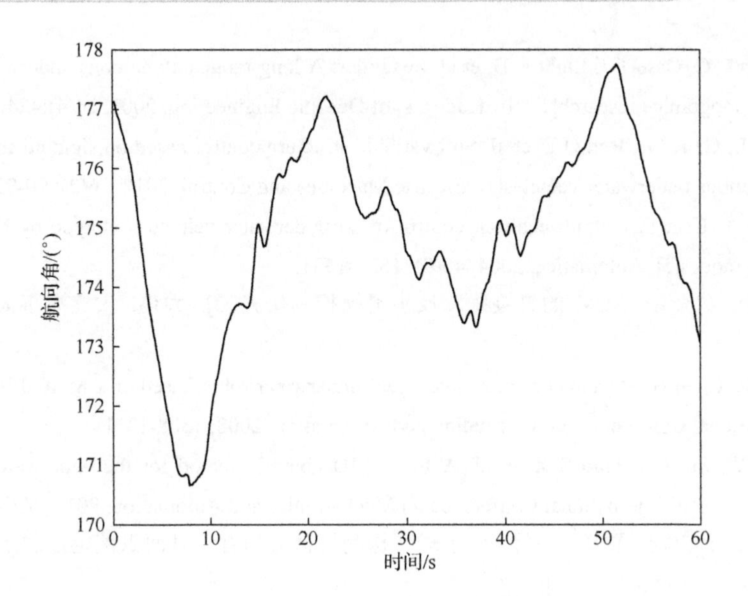

图 7.14 220kV 变压器航向角控制结果

7.7 小 结

本章在建立机器人动力学模型和运动学模型的基础上，开展了机器人悬停定点观测控制算法研究。针对机器人水平方向运动及垂直方向运动存在的耦合问题，将机器人动力学模型分解为深度控制模型和航向角控制模型。针对机器人深度控制问题，本章设计了自学习控制器和自适应反演滑模控制器。针对机器人航向角控制存在的干扰问题，本章设计了非线性干扰观测器和自适应反演滑模控制器。最后对本章设计的控制器进行了仿真测试，仿真结果表明：所设计的反演滑模控制器比 SN-PID 控制器具有更好的控制效果，能以较快的速度收敛并达到目标角度和深度，且稳态误差更小，鲁棒性更强，并解决了机器人运动过程中的自旋情况，适用于复杂环境下机器人的运动控制。

参 考 文 献

[1] Healey A J, Lienard D. Multivariable sliding mode control for autonomous diving and steering of unmanned underwater vehicles[J]. IEEE Journal of Oceanic Engineering, 1993, 18(3): 327-339.

[2] Eriksen C C, Osse T J, Light R D, et al. Seaglider: A long-range autonomous underwater vehicle for oceanographic research[J]. IEEE Journal of Oceanic Engineering, 2001, 26(4):424-436.

[3] Liu Y L, Gao C C, Ren Q F, et al. Soft variable structure control based on sigmoid functions for autonomous underwater vehicles[J]. Electric Machines and Control, 2012, 16(2): 90-95.

[4] Pisano A, Usai E. Output-feedback control of an underwater vehicle prototype by higher-order sliding modes[J]. Automatica, 2004, 40(9): 1525-1531.

[5] 孙俊松. 欠驱动 AUV 的轨迹跟踪反步滑模控制研究[D]. 大连：大连海事大学，2020: 35-43.

[6] Liu F R, Chen H. Motion control of intelligent underwater robot based on CMAC-PID[C]. IEEE International Conference on Information and Automation, 2008: 1308-1311.

[7] Shi L W, Su S X, Guo S X, et al. A fuzzy PID control method for the underwater spherical robot[C]. IEEE International Conference on Mechatronics and Automation, 2017: 626-631.

[8] 刘志民，孙汉旭，贾庆轩，等. 水下球形探测机器人的有限时间点镇定控制[J]. 机器人，2016, 38(5): 569-577.

[9] Dong Z P, Wan L, Li Y M, et al. Point stabilization for an underactuated AUV in the presence of ocean currents[J]. International Journal of Advanced Robotic Systems, 2015, 12(3): 1-14.

[10] 王源,王钊,尹怀强.基于加幂积分方法的 AUV 的点镇定[J]. 信息与控制，2017, 46(6): 685-690.

[11] Aguiar A P. Global stabilization of an underactuated autonomous underwater vehicle via logic-based switching[C]. IEEE Conference on Decision & Control, 2002: 3267-3272.

[12] Cui R X, Zhang X, Cui D. Adaptive sliding-mode attitude control for autonomous underwater vehicles with input nonlinearities[J]. Ocean Engineering, 2016, 123: 45-54.

[13] Zhang L J, Jia H M, Jiang D P. Sliding mode prediction control for 3D path following of an underactuated AUV[J]. IFAC Proceedings Volumes, 2014, 47(3): 8799-8804.

[14] Guo J, Chiu F C, Huang C C. Design of a sliding mode fuzzy controller for the guidance and control of an autonomous underwater vehicle[J]. Ocean Engineering, 2003, 30(16): 2137-2155.

[15] Londhe P S, Santhakumar M, Patre B M, et al. Task space control of an autonomous underwater vehicle manipulator system by robust single-input fuzzy logic control scheme[J]. IEEE Journal of Oceanic Engineering, 2016, 42(1): 13-28.

[16] Tanakitkorn K, Wilson P A, Turnock S R, et al. Depth control for an over-actuated, hover-capable autonomous underwater vehicle with experimental verification[J]. Mechatronics, 2017, 41: 67-81.

[17] Antonelli G, Chiaverini S, Sarkar N, et al. Adaptive control of an autonomous underwater vehicle: Experimental results on ODIN[J]. IEEE Transactions on Control Systems Technology, 2001, 9(5): 756-765.

[18] You H E, Hong G S, Chitre M. Depth control of an autonomous underwater vehicle, STARFISH[C]. Oceans, 2010: 1-13.

[19] Ridao P, Batlle J, Carreras M. Dynamics model of an underwater robotic vehicle[J]. Institute of Informatics and Applications, University of Girona, 2001, 23(8): 3-28.

[20] El-Refaie E S M, Salem M R, Ahmed W A. Prediction of the characteristics of transformer oil under different operation conditions[J]. World Academy of Science, Engineering and Technology, 2009, 53: 764-768.

[21] 乔继红, 戴亚平, 刘金琨. 基于非线性干扰观测器的直升机滑模反演控制[J]. 北京理工大学学报, 2009, 29(3): 224-228.

8 机器人定位方法

机器人定位技术分室外定位技术和室内定位技术两种，在室外环境下，美国的全球定位系统（global positioning system，GPS）、我国的北斗卫星导航系统（BeiDou navigation satellite system，BDS）等全球导航卫星系统为用户提供米级、厘米级的位置服务，解决了在室外空旷环境下的准确定位问题，并被广泛应用于日常生活中[1-3]。然而，在室内环境下，受房屋建筑的遮挡，机器人很难接收到GPS、BDS的卫星信号，所以位置解算的误差较大，因此GPS、BDS不能满足室内定位服务需求[4]。随着室内机器人技术的发展，机器人室内定位技术已成为专家学者的研究重点。

机器人工作于变压器内部，调研当前室内定位技术的发展对机器人定位技术的研究具有指导意义。通过查阅国内外参考文献可知，当前室内定位技术主要包括红外线定位[5-6]、超声波定位[7]、蓝牙定位[8-9]、射频识别定位[10-12]、惯性传感器定位[13-14]、WiFi 室内定位[15-17]。

8.1 机器人定位方法概述

室内定位方法从原理上分为：邻近信息法、多边定位法、指纹定位法和航迹推算法[18-20]。邻近信息法利用参考点计算待测目标的位置信息，定位精度取决于参考点的分布密度。该方法定位精度差，并且需要布置多个参考点，变压器结构不具备布置参考点的条件。多边定位法利用信号传播时间、信号强度等信息计算待测目标到参考点之间的距离，该方法应用广泛[21]。该方法需要在变压器顶部布置多个参考点，变压器内部充满变压器油，属于密闭的空间，不具备布置参考点的条件。指纹定位法首先要建立不同位置的指纹数据库，通过将实际接收信号与数据库中的信号特征参数进行对比来实现对待测目标定位[22]。由于不同厂家的变压器内部结构不同，因此该方法不能应用于变压器内部。航迹推算法是根据已知的起始位置、速度和时间估计当前位置，定位误差随时间的累积而增大是该算法的最大缺点[23]。机器人在变压器油内部游动，因此不能获取精确的速度信息，导致航迹推算法不能应用于机器人定位。

激光雷达可以不依赖任何外部条件测量仪器与障碍物之间的距离，测量原理为激光发射器发出激光脉冲波，当光波接触到物体后，物体反射激光，反射激光被激光接收器接收，激光雷达器根据发射和接收激光波的相位差计算它到物体的距离[24]。激光雷达连续不停地反射激光脉冲波，激光脉冲波打在高速旋转的镜面上，将激光脉冲波向多个方向发射，从而形成一个二维区域的扫描。

将激光雷达安装在机器人上，利用测量的机器人到变压器内壁的距离求出机器人在变压器内部的位置信息，从而实现机器人在水平方向的定位。机器人安装深度计，利用深度计测量机器人在变压器内部的深度，实现机器人在变压器内部垂直方向的定位。

机器人在变压器内部的 3 维位置包括水平位置和垂直位置。用深度计测量机器人在变压器内部的垂直位置，用激光雷达测量机器人在变压器内部的水平位置。

8.2 机器人垂直位置测量

深度计被广泛应用于水下机器人工作深度的测量[25]。机器人工作于变压器内部，机器人在变压器内部的垂直位置可通过深度计测量的工作深度间接获得。液体内部的压力与液体深度成正比。此外，由于液体内部的压力与液体的密度成正比，而机器人在设计过程中选用的深度计是使用在水下的，因此当使用深度计测量机器人在变压器油中的深度时，需要对深度计的测量数据进行校正。校正公式可表示为

$$h_o = \frac{\rho_w}{\rho_o} h_w \tag{8.1}$$

式中，h_w 表示深度计的测量值；ρ_w 表示水的密度；ρ_o 表示变压器油的密度；h_o 表示机器人在变压器油内部的深度。

8.3 机器人水平位置测量

1. 定位方法分析

激光雷达已经广泛应用于陆地机器人，其距离测量精度可达到厘米级。然而，激光雷达在变压器油中的应用还没有报道。为了防止变压器油对激光雷达的腐蚀，设计了激光雷达防护罩。但是当激光穿透防护罩时，会发生折射。

激光雷达扫描范围为圆心角 240°的扇形，最大半径为 6000mm。激光雷达的测量角度分辨率为 0.36°，激光雷达输出每个点测量的距离。假设变压器与平面坐标系 y 轴之间的角度为θ，机器人的初始航向角为θ，如图 8.1 所示。目前，机器人在变压器内的水平位置可以用 30°和 120°测量的距离来表示。当机器人顺时针旋转时，假设机器人的航向角为β。航向的变化可以用$(\beta-\theta)$表示。因此，机器人在变压器内的水平位置可以用$(30°+\beta-\theta)$和$(120°+\beta-\theta)$点测量的距离来表示。当机器人逆时针旋转时，机器人的航向角为β，航向角的变化可以用$(\theta-\beta)$表示。因此，机器人在变压器内的水平位置可以用$(30°-\beta+\theta)$和$(120°-\beta+\theta)$点测量的距离来表示。

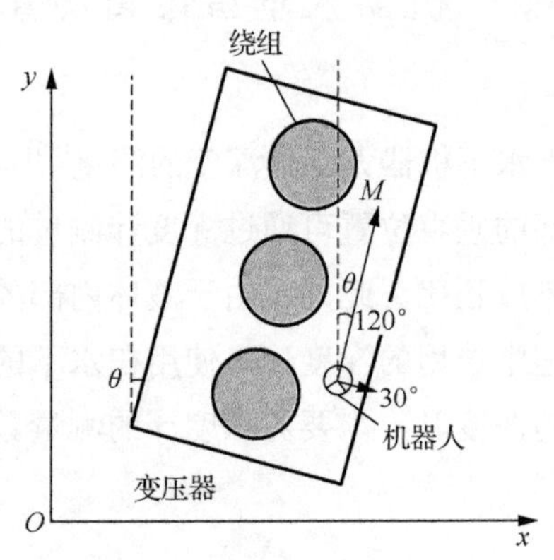

图 8.1　机器人水平位置

2. 测量误差分析

激光雷达测量模型如图 8.2 所示，d 表示激光雷达外壳的厚度，h_r 表示激光雷达外壳与有机玻璃之间的距离，o 表示激光发射点，P_a 表示激光在空气和有机玻璃表面的折射点、P_g表示变压器油和有机玻璃表面的折射点，P_w表示障碍物。由图 8.2 可知，激光需要通过空气、有机玻璃、变压器油到达障碍物 P_w。由于激光在玻璃、空气表面发生折射，激光的传播方向发生了变化。激光传播路径可以表示为 $L_1=oP_a+P_aP_g+P_gP_w$。oP_w表示机器人和障碍物 P_w之间的距离。因此，折射是造成激光雷达测距误差的原因之一。

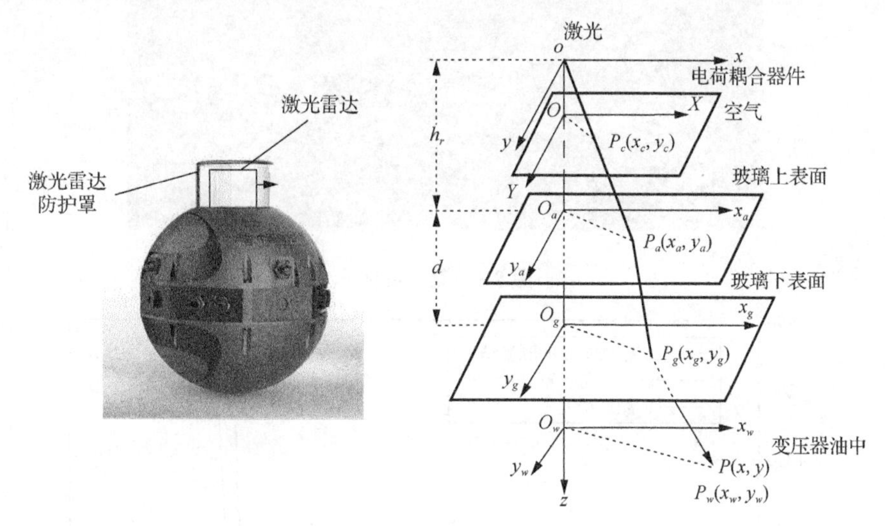

图 8.2　激光雷达测量模型

机器人搭载的激光雷达型号为 URG-04LX-UG01，其测量原理是根据发射激光和反射激光的相位差计算距离。距离计算方法如下：

$$L=\frac{1}{2}\frac{\varphi}{\dfrac{f}{v}\times 2\pi} \tag{8.2}$$

式中，φ表示相位差；L 表示激光雷达到障碍物之间的距离；f 表示频率；v 表示激光的传播速度。由式（8.2）可知，距离测量结果与激光传播的速度有关。由于激光在空气中的速度与在变压器油中的速度不同，速度变化是激光雷达测距误差的原因之一。

首先，课题组研究了激光雷达防护罩对激光雷达测量精度的影响，在实验室进行了测距实验，将激光雷达置于实验室中心，测量周围障碍物与激光雷达之间的距离，测量目标如图 8.3 所示。然后，将激光雷达安装在防护罩内，并放置在同一位置。用带有防护罩的激光雷达测量周围障碍物与激光雷达之间的距离。测量数据通过电缆传输到计算机。两次实验的测量结果如图 8.4 所示。结果表明，激光折射对测距结果影响不大，但激光雷达在测量拐角时，测量误差较大。

图 8.3 测量目标

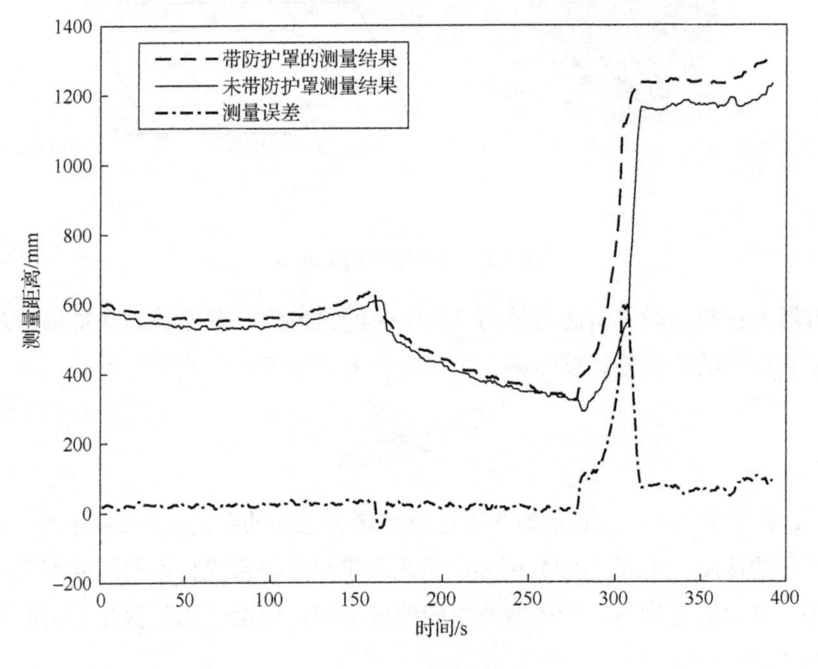

图 8.4 测量结果

最后，课题组研究了激光传播速度变化对激光雷达测量精度的影响。在实验过程中，将带有防护罩的激光雷达放入变压器油，如图 8.5 所示，每隔 10cm 进行一次测距实验，实验结果如表 8.1 所示。

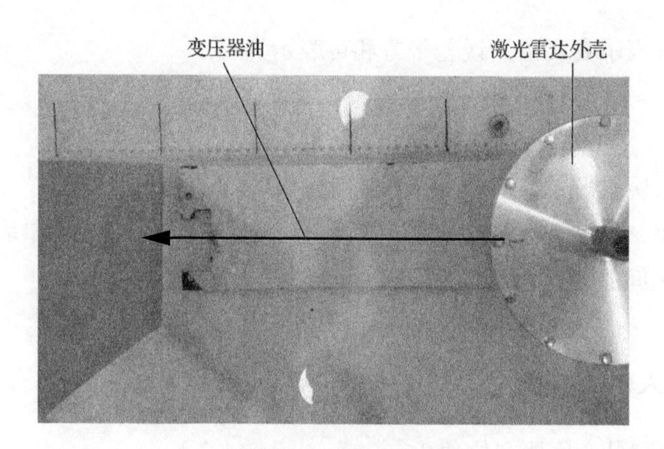

图 8.5 测距实验

表 8.1 变压器油内激光雷达测量结果

真实值/cm	测量值/cm	测量误差/cm
10	9.13	0.87
20	21.82	1.82
30	34.90	4.90
40	48.22	8.22
50	63.35	13.35
60	77.42	17.42
70	92.89	22.89
80	110.41	30.41
90	125.22	35.22

由表 8.1 可知，当测量距离增大时，测量误差也随之增大，最大误差 35.2cm。因此，变压器油对测量结果的影响较大，为了获得准确的距离信息，必须对激光雷达测量数据进行校正。

多项式拟合方法已经被广泛应用于信号处理领域。利用多项式数据拟合方法可建立估计值和测量值之间的模型。假设用 x 表示测量值，M 表示估计值，则拟合函数可表示为

$$M = w_0 + w_1 x + \cdots + w_m x^m = \sum_{i=0}^{m} w_i x^i \tag{8.3}$$

式中，w_i 表示待定系数。

假设用 y 表示真实值，误差平方和可表示为

$$E = \frac{1}{2}\sum_{n=1}^{N}\left(M - y_n\right)^2 = \frac{1}{2}\sum_{n=1}^{N}\left(\sum_{i=0}^{m} w_i x^i - y_i\right)^2 \tag{8.4}$$

式中，E 表示误差平方和；N 表示测量点的数量。

利用最小二乘法和表 8.1 中的数据可求解出式（8.3）中的未知系数 w_i。估计值和测量值之间的公式可表示为

$$M = -0.0009x^2 + 0.8082x + 2.8380 \tag{8.5}$$

3. 机器人定位步骤

步骤 1：测量变压器方位角 θ。

步骤 2：测量机器人航向角 β。

步骤 3：根据机器人运动方向计算航向角的变化 $(\beta-\theta)$。

步骤 4：如果机器人顺时针旋转，则变压器内机器人的水平位置可以用 $(30°+\beta-\theta)$ 和 $(120°+\beta-\theta)$ 点测量的距离表示。如果机器人逆时针旋转，则变压器内机器人的水平位置可以用 $(30°-\beta+\theta)$ 和 $(120°-\beta+\theta)$ 点测量的距离表示。

步骤 5：用式（8.5）修正水平位置数据。

步骤 6：收集深度计数据，用式（8.2）修正数据。

8.4 机器人定位实验

为验证 8.3 节提出的机器人定位方法的有效性，在变压器油箱中进行了定位算法测试实验。首先，利用深度计测量机器人在变压器油内部的工作深度，每隔 10cm 进行一次深度位置的测量实验，实验结果如表 8.2 所示。测量值是由深度计直接测量的结果，估计值是根据测量值和式（8.1）计算出的深度值。由表 8.2 可知，机器人的工作深度经式（8.1）校正后，与真实值作差，其测量误差小于 1cm，从而验证了利用深度计测量机器人在变压器油中工作深度的可行性。

利用激光雷达测量机器人在变压器中的水平位置是机器人定位算法的关键，本节对此开展了实验验证。在大地坐标系下，假设机器人与油箱的初始航向角相等，机器人在变压器内的水平位置可以用激光雷达在角度 30°和 120°的测量结果来表示。如果机器人旋转，我们可以根据旋转角度来计算水平位置。测量值由激

光雷达直接获得，然后根据测量值和式（8.5）计算估计值，实验结果如表 8.3 所示，机器人水平位置测量误差约 1cm。

表 8.2 激光雷达测量结果

深度/cm	测量值/cm	估计值/cm	估计误差/cm
10	9.4	10.7	0.7
20	16.9	19.3	−0.7
30	26.5	30.2	−0.2
40	35.3	40.2	0.2
50	43.4	49.5	−0.5

表 8.3 机器人水平位置测量实验结果

水平位置/cm		旋转角度/(°)	测量值/cm		估计值/cm		估计误差/cm	
x	y	0	x'	y'	x''	y''	e_x	e_y
25	90	10	28.5	123.4	25.14	88.87	0.14	-1.13
		20	27.6	125.8	24.45	90.27	−0.55	0.27
		30	29.4	126.3	25.82	90.56	0.82	0.56
		−10	27.8	124.5	24.61	89.51	−0.39	−0.49
		−20	28.6	127.5	25.22	91.25	0.22	1.25
		−30	29.3	125.6	25.75	90.15	0.75	0.15

8.5 小　　结

针对机器人在变压器内部定位困难的问题，本章提出了基于深度计和激光雷达的定位方法。深度计能根据测量的压力和油密度计算出机器人在变压器油内部的工作深度，激光雷达根据测量发射和接收激光的相位差计算到达障碍物的距离。由于激光雷达工作于变压器油中，受防护罩和传播介质的影响，距离的测量精度降低。利用拟合函数建立了激光雷达测量的修正模型，提高了激光雷达的测量精度。在变压器油桶中，开展了机器人定位方法实验，实验结果表明，所提出的定位方法可在变压器油中给出机器人的精确位置。

参 考 文 献

[1] Low C B, Wang D W. GPS-based path following control for a car-like wheeled mobile robot with skidding and slipping[J]. IEEE Transactions on Control Systems Technology, 2008, 16(2): 340-347.

[2] 高星伟, 过静珺, 程鹏飞, 等. 基于时空系统统一的北斗与 GPS 融合定位[J]. 测绘学报, 2012, 41(5): 743-748.

[3] Bulusu N, Heidemann J. GPS-less low-cost outdoor localization for very small devices[J]. IEEE Personal Communications, 2000, 7(5): 28-34.

[4] 郑玉峰. 基于 WLAN 的室内定位技术研究与实现[D]. 北京: 北京邮电大学, 2017: 45-49.

[5] Want R, Hopper A, Falcão V, et al. The active badge location system[J]. ACM Transactions on Information Systems(TOIS), 1992, 10(1): 91-102.

[6] 张伟冬. 基于 Ibeacon 办公室考勤管理系统设计与实现[D]. 北京: 北京邮电大学, 2017: 23-31.

[7] Ward A, Jones A, Hopper A. A new location technique for the active office[J]. IEEE Personal Communications, 1997, 4(5): 42-47.

[8] 陈国平, 马耀辉, 张百珂. 基于指纹技术的蓝牙室内定位系统[J]. 电子技术应用, 2013, 39(3): 104-107.

[9] 张立斌, 余彦培. 手机室内定位的应用与服务[J]. 导航定位学报, 2014, 2(4), 4-6.

[10] Smith A, Balakrishnan H, Goraczko M, et al. Tracking moving devices with the cricket location system[C]. Proceedings of the 2nd International Conference on Mobile Systems, Applications, and Services, 2004: 190-202.

[11] Li C Y, Mo L F, Zhang D K. Review on UHF RFID localization methods[J]. IEEE Journal of Radio Frequency Identification, 2019, 3(4): 205-215.

[12] Bahl P, Padmanabhan V N. RADAR: An in-building RF-based user location and tracking system[C]. Nineteenth Annual Joint Conference of the IEEE Computer and Communications Societies, 2000: 775-784.

[13] 仇立杰, 彭四伟. 基于 MEMS 传感器的三维空间运动轨迹提取方法[J]. 计算机应用与软件, 2016, 33(9): 292-295.

[14] 蔡伯根. 利用 GPS 和惯性传感器的融合和集成实现车辆定位[J]. 北京交通大学学报, 2000, 24(5): 7-11.

[15] Castro P, Chiu P, Kremenek T, et al. A probabilistic room location service for wireless networked environments[C]. International Conference on Ubiquitous Computing, 2001: 18-34.

[16] Kaemarungsi K, Krishnamurthy P. Modeling of indoor positioning systems based on location fingerprinting[C]. IEEE INFOCOM, 2004: 1012-1022.

[17] Nuño-Maganda M A, Herrera-Rivas H, Torres-Huitzil C, et al. On-device learning of indoor location for WiFi fingerprint approach[J]. Sensors, 2018, 18(7): 2202-2215.

[18] 张陈晨, 王庆, 阳媛. 基于 LabVIEW 的超宽带仿真与实验系统[J]. 传感器与微系统, 2019, 38(6): 105-108.

[19] 卢一帆, 柳伟, 叶福田. 基于 XGBoost 的客户所在店铺 WiFi 定位技术研究[J]. 计算机测量与控制, 2019, 27(7): 141-145.

[20] 王杨, 赵红东. 室内定位技术综述及发展前景展望[J]. 测控技术, 2016, 35(7): 1-3.

[21] 阮陵, 张翎, 许越, 等. 室内定位:分类、方法与应用综述[J]. 地理信息世界, 2015, 22(2): 8-14.

[22] Lee S, Jeong S Y, Kang S J, et al. Design and implementation of IoT chatting service based on indoor location[J]. Journal of Korean Institute of Communications & Information Sciences, 2014, 39(10): 920-929.

[23] Rowan E. LBL underwater positioning: Integration with acoustic/INS systems for greater accoracy[J]. Hydro International, 2008, 12(1): 18-21.

[24] 张成博. 基于激光扫描的料场测量系统的研究[D]. 武汉: 武汉理工大学, 2012: 12-18.

[25] 魏延辉, 田海宝, 杜振振, 等. 微小型自主式水下机器人系统设计及试验[J]. 哈尔滨工程大学学报, 2014, 35(5): 566-570.

9 机器人收放装置

由变压器的结构可知，对变压器进行故障检测，机器人需从变压器顶部的手孔进入变压器内部。为方便机器人布放回收，课题组设计了机器人专业的收放工具，收放工具的设计要求主要包括：收放装置结构简单，布放回收操作简便易行；收放动作稳定，收放过程安全可靠。

9.1 机器人收放装置结构设计

9.1.1 机器人收放装置机械原理分析

由于机器人整体外形呈球形，为保证收放过程稳定可靠，收放装置设计为三爪形结构。机器人收放装置原理如图 9.1 所示，图中 v 表示收放装置直线往复运动速度，w 表示抓手圆周旋转运动速度。收放装置主体采用简单的连杆结构，将施加的直线往复运动转换为抓手的圆周旋转运动，以实现装置的抓取功能。并通过对各铰点位置和杆件长度的合理分配，在小的操作行程下实现抓手大范围抓取和释放动作，以保证机器人布放回收的可靠性。三爪收缩时托住机器人底部，并产生一定预紧力，保证机器人抓取稳定。抓取完成后带有自锁装置，防止抓手复位张开，造成机器人滑落。机器人布放时，松开自锁开关，手抓将自动打开以实现机器人布放。

9.1.2 机器人收放装置方案设计

机器人收放装置总体结构如图 9.2 所示。收放装置主要由带锁扣操作手柄、固定杆、钢丝绳、固定板、复位弹簧、滑动板、连杆、抓手等构件组成。回收机器人时，操作人员握紧操作手柄后通过锁扣将其锁住，手柄拉动钢丝绳向上运动，钢丝绳与下端滑动板相连，在钢丝绳带动下滑动板向上运动，滑动板、连杆和抓手构成连杆机构，将滑动板向上运动转化为抓手的收缩运动，进而实现收放装置的抓取动作；布放机器人时，只需松开手柄锁扣，在复位弹簧带动下抓手自动张开，将机器人释放。操作手柄、固定杆等材料采用铝合金，滑动板、连杆及抓手等结构采用不锈钢，在保证机械强度的前提下减轻装置重量。

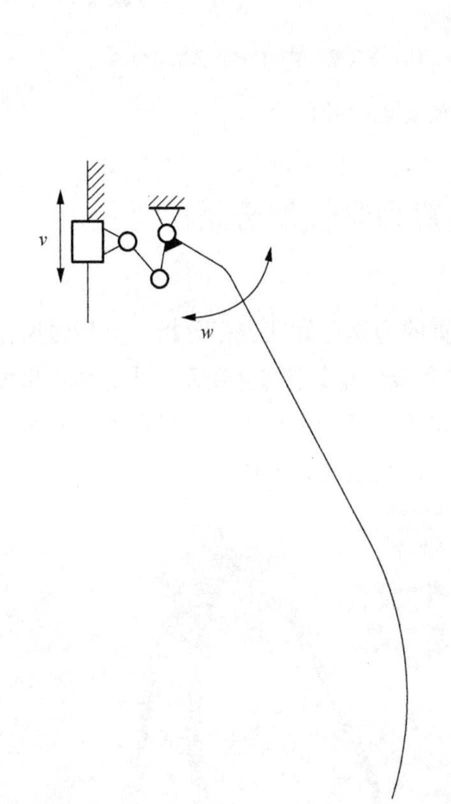

图 9.1　机器人收放装置原理结构简图

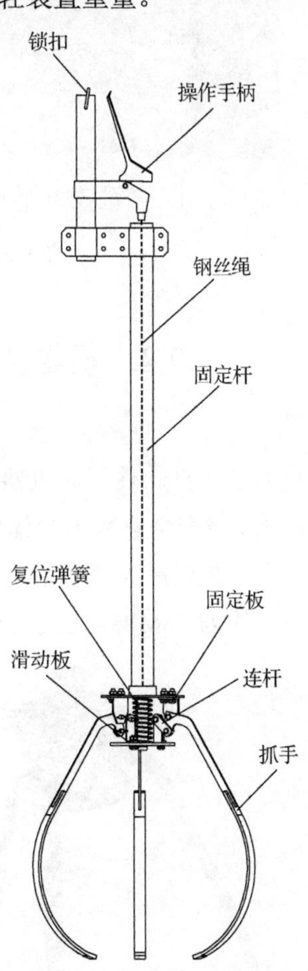

图 9.2　机器人收放装置总体结构简图

机器人收放装置如图 9.3 所示。钢丝绳与滑动杆相连，滑动杆安装于滑动轴承内，滑动杆下端与滑动板连接。

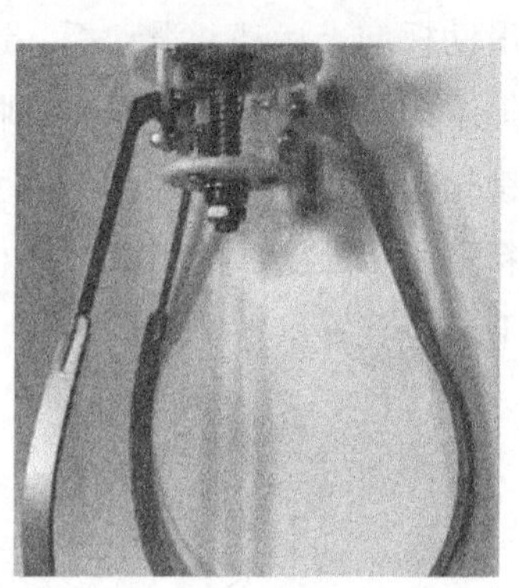

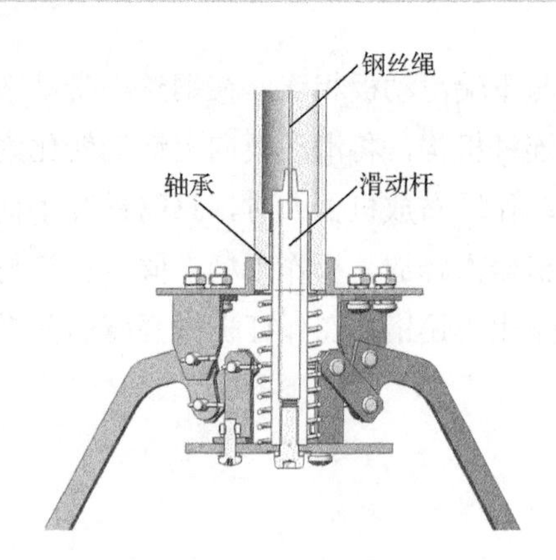

（a）装置实物图　　（b）钢丝绳与滑动杆连接机械结构

图 9.3　机器人收放装置结构图

9.2　机器人收放装置力学性能分析

采用力学仿真软件，对机器人收放装置的力学可靠性进行分析，分析时所作用载荷按 1.5 倍安全系数进行施加，分析过程及结果如图 9.4 所示。从仿真结果可以看出，收放装置最大变形量约为 5mm，机器人不会因抓手变形而脱落；同时抓手最大应力约为 76MPa，远小于其极限应力，收放装置本体可靠性得到保证。

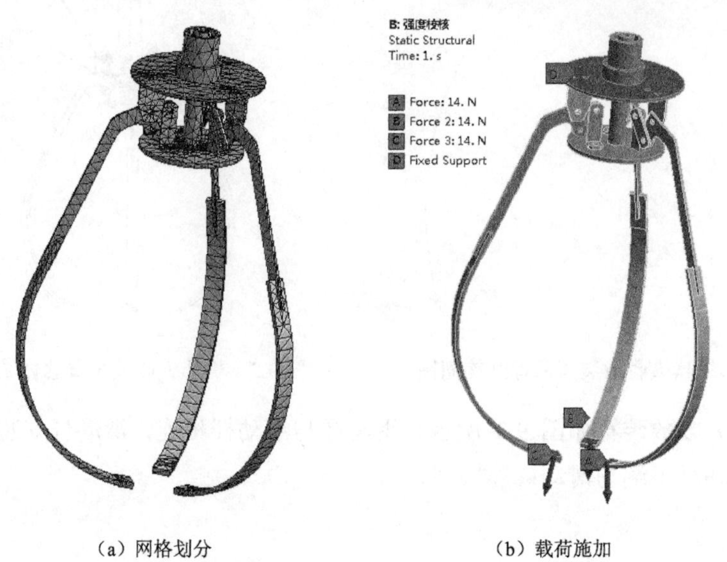

（a）网格划分　　（b）载荷施加

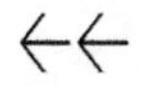

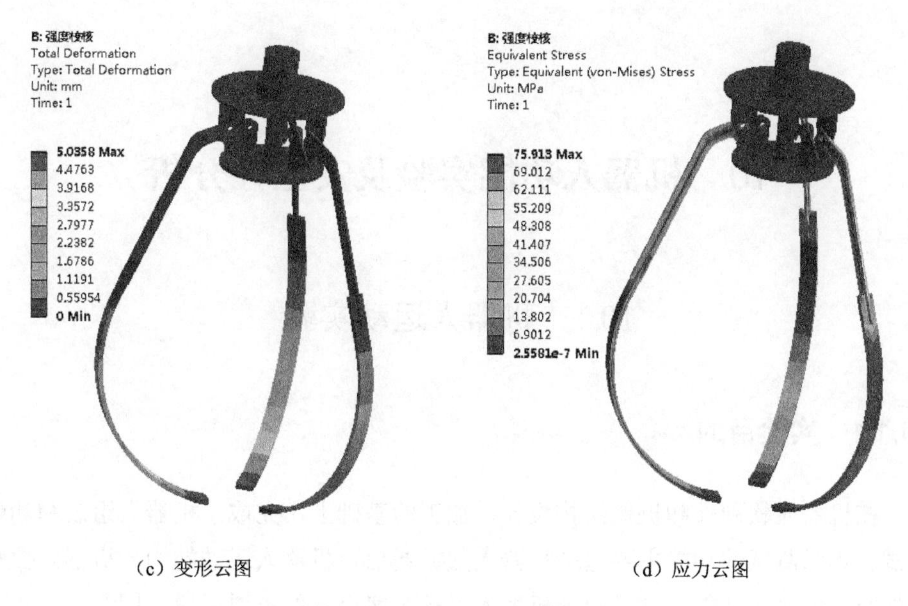

（c）变形云图　　（d）应力云图

图 9.4　收放装置力学性能分析

9.3　小　　结

本章首先通过对机器人外形结构及收放条件分析，确定了机器人收放装置总体结构方案。在此基础上，建立了收放装置的 3 维模型，初步确定了各构件的结构方案。通过力学仿真软件对收放装置进行了受力分析，校核了其力学性能，保证收放装置的力学可靠性。最后，对收放装置各构件进行细化设计、出图，并进行样件加工。

10　机器人功能实验及安全性分析

10.1　机器人运动实验

10.1.1　实验目的

在机器人软硬件和机械结构设计、加工的基础上，完成了机器人组装和功能调试。本章测试的功能主要包括机器人数据通信、机器人运动能力、机器人控制软件等。机器人功能测试是验证机器人设计方案可行的重要手段。同时，在实验过程中可以发现设计方案中存在的问题，研究解决方案，进一步提高机器人的性能。

10.1.2　实验环境

机器人运动实验在实验油槽进行，如图 10.1 所示。油槽长宽高尺寸 120cm×70cm×65cm，变压器油深 45cm。

图 10.1　实验油槽

实验测试的机器人如图 10.2 所示，机器人直径为 15cm，搭载摄像机、6 台喷射泵推进装置（其中 4 台水平布置，2 台垂直布置）和数字图传模块。

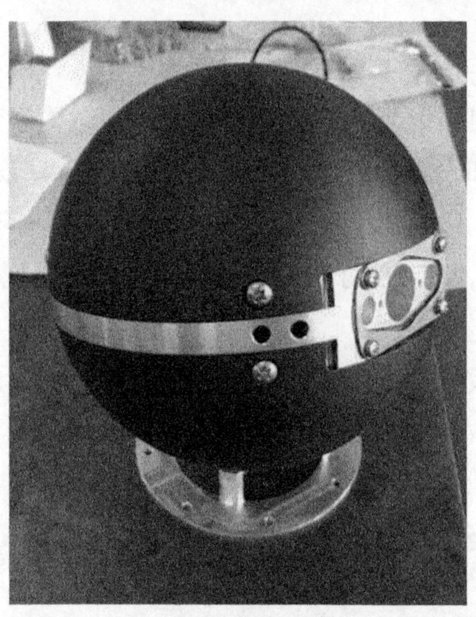

图 10.2　测试机器人

机器人通过数字图传模块与操作控制终端通信，将采集到的视频与传感器数据通过数字图传模块传输到上位机。操作控制终端通过配对的通信模块接收数据，并通过软件解析、显示视频与传感器数据，同时将控制指令发送给机器人，控制机器人运动。机器人操作控制终端如图 10.3 所示。

图 10.3　操作控制终端

10.1.3 实验测试

1. 机器人组装

实验前，首先将机器人组装完成，验证机器人结构设计的合理性。机器人外壳主要由上罩、中环和下罩构成，组合在一起呈球形，机器人主要结构部件的形状在 4.5.3 节已经给出，在此不再赘述。机器人上罩、中环和下罩通过 O 形圈密封。在中环上有摄像机和 LED 灯保护罩，保护罩采用有机玻璃材料，该材料耐变压器油腐蚀、透光性能好。

机器人硬件电路板包括电源管理板和电机驱动控制板。电机驱动控制板通过柱体连接通信模块，放置于机器人上罩，电池和电源管理板固定在机器人下罩。硬件电路板安装如图 10.4 所示。

图 10.4　硬件电路板安装

2. 运动功能测试

机器人组装完成后，打开电源开关，将其浸入实验油槽中静置，机器人可悬浮于变压器油中，如图 10.5 所示。机器人操作控制终端可实时显示获取的高清视频、航向角、深度和电池电压等信息。

图 10.5 机器人实验示意图

1）机器人前进运动测试

机器人横移运动和侧移运动通过三轴单杆控制，其控制过程类似，只是控制不同的喷射泵工作。以机器人前进运动为例阐述机器人运动测试过程。首先操控人员推动三轴单杆向前，操控软件实时检测单杆的操控指令，当检测到操控指令后，操控软件将控制指令发送给机器人。机器人软件通过串口中断的方式接收控制指令，从而解析指令，控制 2 台喷射泵运动，推动机器人向前运动，运动过程如图 10.6 所示。

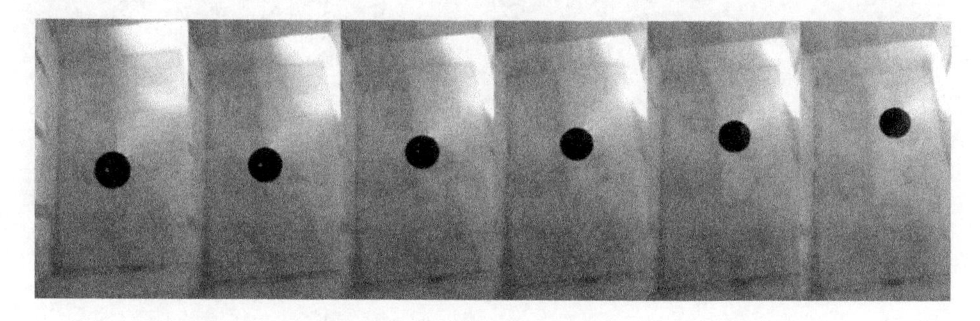

图 10.6 机器人前进运动过程

2）机器人旋转运动测试

球形机器人具有零旋转半径的特点，机器人可在原地完成 360°旋转运动。机器人运动灵活，使机器人在复杂的变压器内部结构下易于完成观测任务。当操控人员逆时针旋转三轴手柄时，机器人可在原地完成逆时针旋转运动，运动过程如图 10.7 所示。机器人在原地旋转时，能够基本保持原地不动，旋转半径为 0，符合设计指标要求。

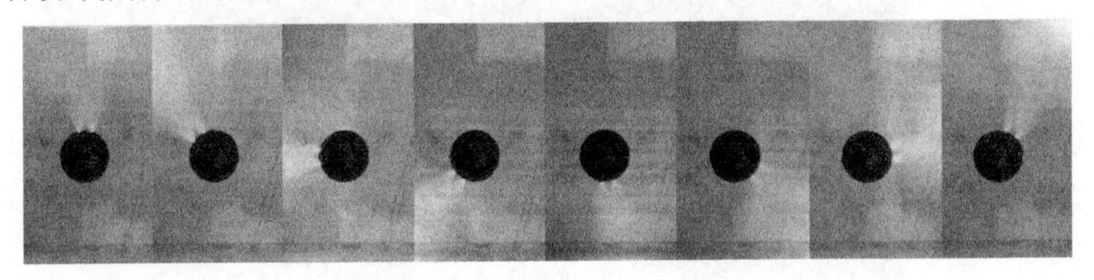

图 10.7　机器人旋转运动过程

3）机器人垂直运动测试

机器人垂直运动指机器人在变压器内部的上升和下潜运动，是机器人在变压器内部不同高度观测的前提。机器人下潜运动依靠喷射泵产生向上的推力，机器人上升运动依靠自身的正浮力。当操控人员向前推动双轴单杆时，机器人垂直喷射泵启动，机器人下潜，其运动过程如图 10.8 所示。机器人在下潜过程中，可保持垂直下潜，反应迅速。当松开双轴单杆，机器人垂直喷射泵停止工作，机器人停止下潜，在自身正浮力作用下上浮至油面。

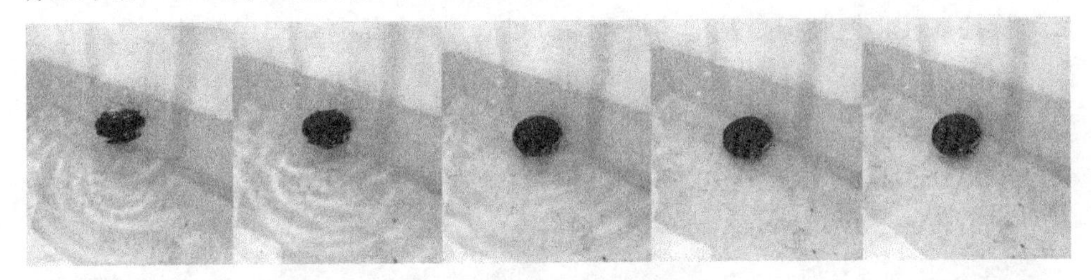

图 10.8　机器人下潜运动过程

10.2　变压器内部实验

10.2.1　实验目的

机器人在变压器油槽中已经完成了数据传输、机器人运动等基本功能的测试。在此基础上，将机器人放入变压器内部，在变压器中开展了示范应用。变压器选用三菱电机株式会社 220kV 变压器，该变压器在深圳供电局有限公司水贝基地工作时间超过 20 年。通过测试，验证机器人在变压器内部的实际效果，包括数据与图像的传输效果、机器人在变压器内部的运动效果。通过实验发现机器人存在的问题，为机器人的改进提供实验数据。

150mm 机器人和 190mm 机器人都在变压器内部进行了功能测试，实验过程类似。本节只阐述 150mm 机器人的实验过程。机器人整体呈球形，无激光扫描模块。测试中所有的实验数据（图片、视频和统计数据等）均来自三菱电机株式会社 220kV 变压器。由于变压器内部充满了变压器油，且变压器油出现了变质、变色现象，通过实验观察机器人在变压器内部摄像机、LED 灯与图像传输模块的实际应用效果。同时，观察控制界面，根据机器人获取的视频，对机器人进行操控，实现机器人的水平与垂直运动，验证机器人在变压器中的实际操作可行性。

10.2.2 实验环境

在本次实验过程中，采用三菱电机株式会社 220kV 变压器开展机器人的示范应用测试。变压器结构在 2.1 节中已经进行了详细阐述，本节不再赘述。实验用机器人与 10.1 节相同，在此不再赘述。

10.2.3 实验测试

1. 实验前准备

由于变压器运行了 20 年之久，变压器油出现了变色、变质等现象，因此变压器油的密度有一定的变化。虽然机器人在变压器油槽中进行了功能性测试，但是在进入变压器之前，仍需要进行重新配平，以适应变压器油密度的变化。在实验前首先抽出一部分变压器油放入油桶，然后放入机器人，观测机器人的平衡状态，如图 10.9 所示。根据机器人的状态，调节机器人内部配重的数量及位置。

机器人配平完成后，开启机器人，机器人自动与操作控制终端建立网络通信。通信稳定后，通过操作控制终端的控制按钮将机器人的摄像机打开，并开始录像。然后，将机器人通过手孔放入变压器内部，如图 10.10 所示。

图 10.9 机器人在油桶中配平

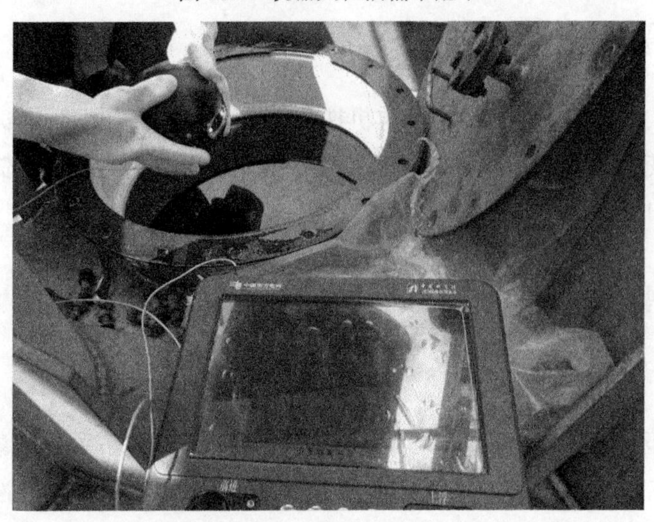

图 10.10 机器人通过变压器手孔进入变压器内部

2. 机器人功能实验

1）无线通信测试

机器人无线通信系统是机器人在变压器内部稳定可靠工作的前提。虽然无线通信功能在变压器油槽实验中已得到了验证，但复杂的变压器内部结构对机器人的通信性能是否有影响仍未知，因此首先开展了机器人在变压器内部无线通信功能测试实验。

机器人通过变压器顶部的手孔进入变压器内部后，通过操纵单杆，控制机器人下潜。在变压器内部无光的情况下，机器人依靠自身的 LED 灯，能够观察到内部走线，如图 10.11 所示。由图可知，机器人图像及测量数据信息可通过无线通信系统发送到操作控制终端，证明无线通信系统方案可应用于机器人。

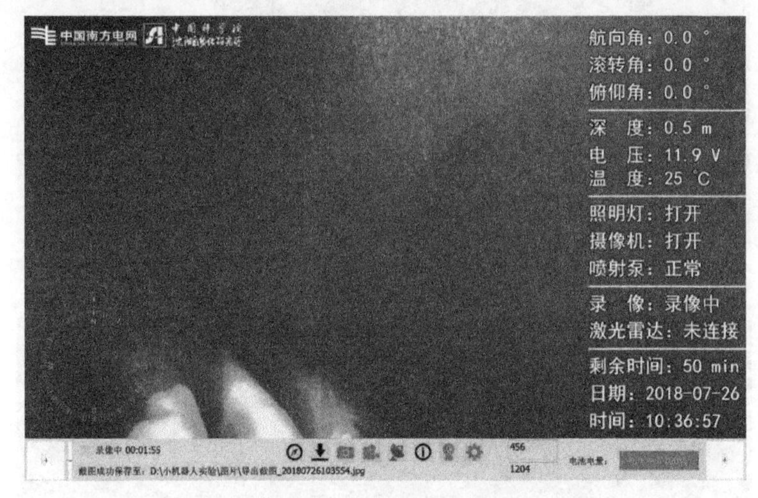

图 10.11　变压器内部走线

2）变压器内部运动测试

当机器人在油面漂浮时，推动操纵单杆，控制机器人水平运动，如图 10.12 所示。从图中能够观察到，机器人在水平方向沿直线运动，同时可以在画面右下角看到操作人员对单杆的操作，验证了机器人在变压器油中的水平运动。

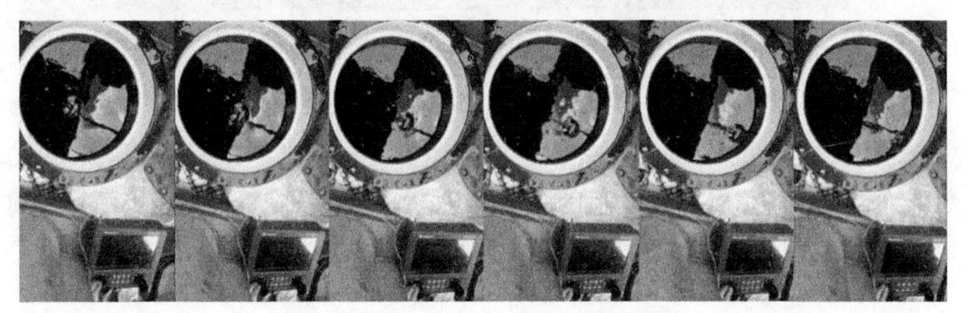

图 10.12　机器人在变压器油面水平运动

操控人员推动垂直运动单杆，机器人下潜，如图 10.13 所示。图 10.14 为机器人下潜后操作控制终端界面观察到的图像，通过界面能够看到变压器内部走线。松开单杆，机器人上浮至油面。

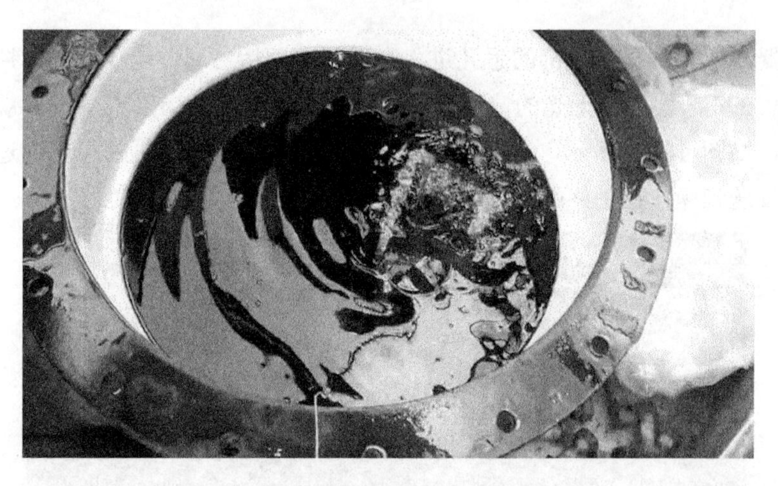

图 10.13　机器人下潜运动

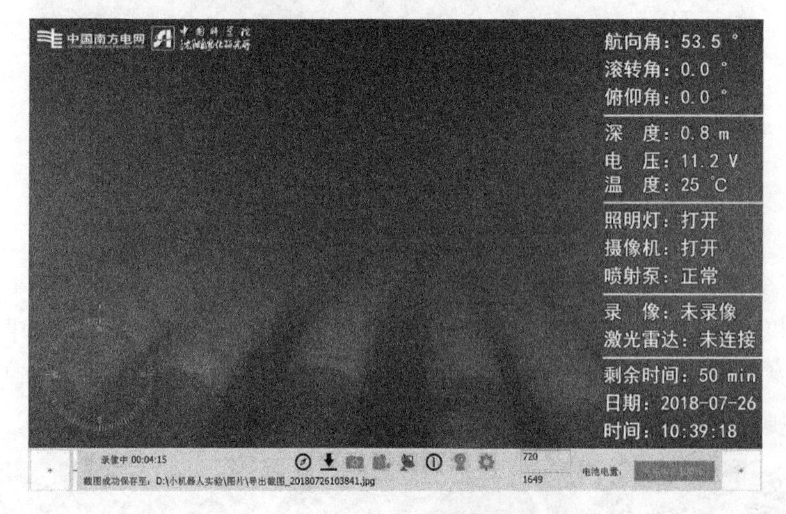

图 10.14　机器人下潜观察到的图像

通过实验能够验证机器人在实际变压器中的运动情况。通过控制操纵单杆，机器人能够完成相应的动作，证明了设计的机器人具备在变压器中灵活运动的能力。

10.3　运动安全性分析

变压器内部结构紧凑，电缆密布，机器人在变压器内部运动过程中难免碰到变压器内部的电缆。分析机器人运动对变压器内部结构的影响，对于变压器的安全性具有重要意义。

10.3.1 机器人冲击等效分析

由机器人设计指标可知，机器人运行速度为0.15m/s，以1.5倍安全系数进行分析，即分析机器人以0.225m/s速度冲击变压器内部结构对变压器造成的影响。由于机器人以0.225m/s冲击变压器内部结构相对抽象，无法直观反映撞击强度，故将机器人水平匀速冲击方式等效为自由落体冲击，如图10.15所示。

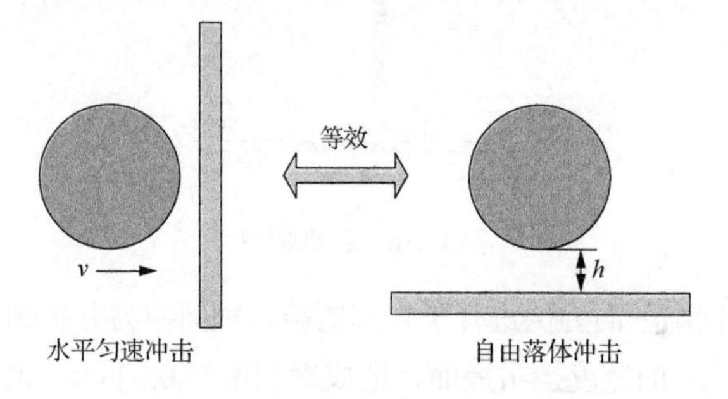

图10.15 机器人冲击方式等效分析

机器人匀速运动时冲击能量可表示为

$$E=\frac{1}{2}mv^2 \tag{10.1}$$

机器人自由落体时冲击能量可表示为

$$E'=mgh \tag{10.2}$$

式中，m 表示机器人质量；v 表示机器人运动速度；g 表示重力加速度；h 表示机器人自由落体的高度。

机器人运动速度为0.225m/s时，计算可得其等效自由落体高度为3mm。即机器人以1.5倍巡航速度撞击变压器内部结构，其冲击效果等效于机器人在3mm高度处自由落体对变压器内部结构造成的影响，变压器内部以金属结构为主，初步分析可知机器人对变压器内部冲击几乎无影响。

10.3.2 机器人冲击仿真分析

在理论分析的基础上，为进一步定量分析机器人对变压器内部结构冲击造成的影响，以机器人撞击变压器内部侧壁为例进行仿真实验。仿真条件为直径150mm铝球以速度0.15m/s撞击厚度为20mm钢制壁面，构建的仿真模型如图10.16所示。

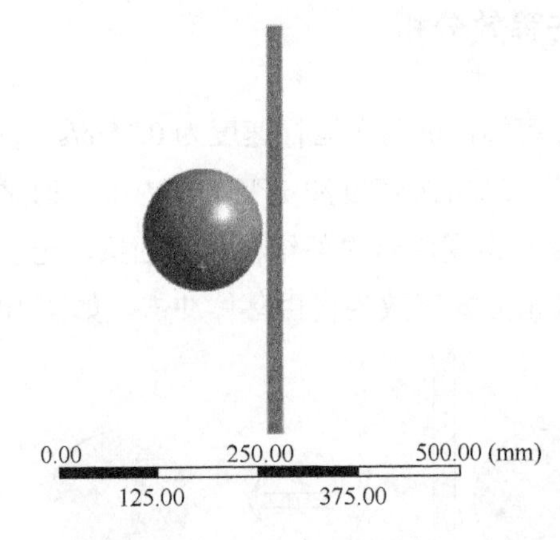

图10.16　仿真模型

以铝球撞击钢制壁面为例进行了仿真实验，壁面应力分析结果如图10.17所示。铝球以0.15m/s的速度撞击壁面，造成钢制壁面0.034mm的冲击变形，对应最大冲击应力为0.23MPa，该应力水平小于钢制材料强度极限万分之一，因此对于变压器内部钢制结构几乎无任何影响。

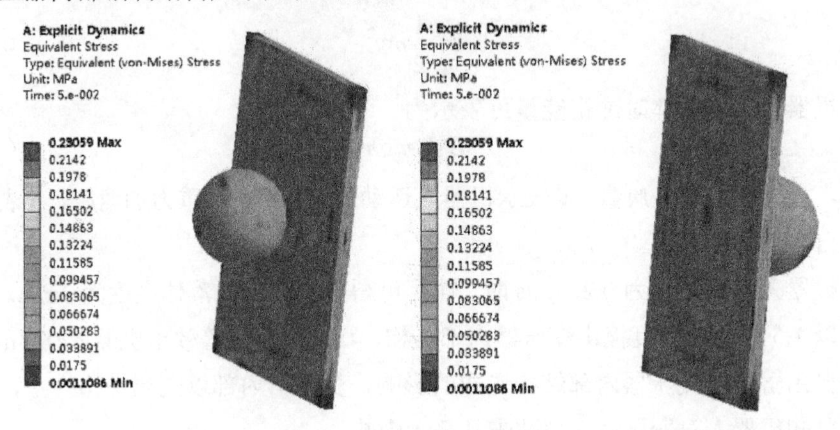

图10.17　壁面冲击应力分析结果

对于变压器内部其他非金属材料而言，一般工程用非金属材料强度极限在十几兆帕到几十兆帕，如此量级的冲击应力对非金属材料同样没有任何影响。综上所述，通过等效分析和仿真实验分析可知，机器人对变压器内部结构冲击不会损坏变压器内部结构，无安全隐患。

10.4　小　　结

本章通过实验手段测试了机器人在变压器油桶中和220kV变压器中的运行情况，重点测试了机器人的视频图像传输与机器人的运动情况。虽然变压器内部封闭无光，且变压器油出现变色、浑浊的现象，机器人搭载的由摄像机、数字图传模块与高亮度LED灯组成的视觉系统依然能够获取清晰的变压器内部图像，能有效检测变压器内部出现的故障。同时，机器人具备四自由度灵活运动的能力，确保机器人能够在变压器内部灵活运动，实现变压器内部故障的移动检测。